図解 眠れなくなるほど面白い

孫子の兵法

島崎 晋
SUSUMU SHIMAZAKI

日本文芸社

はじめに

「孫子の兵法」を集めた『孫子』が編纂《へんさん》されたのは今から二五〇〇年以上も前。それが今なお読み継がれている理由は、戦争以外にも応用が利くからである。

兵法や軍事論、戦士の生き様を語るものとしては、プロイセンの軍人であったクラウゼビッツの『戦争論』をはじめ、日本の武士道、山鹿《やまが》流の兵法なども挙げられるが、『戦争論』には『孫子』をなぞりながらも冷徹な印象が強く、武士道には美学に走りすぎの傾向があり、山鹿流は個人の修養に重点が置かれるなど、万国共通いつの世でも通用するとはいい難い側面がある。

そこへいくと『孫子』には血で血を洗う戦争だけではなく、あらゆる争い事や戦い、競争などに応用できる内容で、時間や空間を超越した性格が備わっている。

身近な例でいえば、受験戦争や職場での出世競争、スポーツ競技、自然災害の克服など、現代人は多くの勝負事を避けて通ることができない。困難を乗り越えるには神頼みではダメで、仲間との助け合いも必要なら、正義を貫くかたい決意も必要となる。心構えとしては、向上心を忘れず、怠惰《たいだ》に走るのを避けることはもちろん、それ以外にも必要なものがまだまだたくさんある。

自分に足りないものはいったいなんなのか。それを知るのに『孫子』以上に相応《ふさわ》しい書物はない。これを読めば自分に欠けている要素がはっきりするだけではなく、具体的な指針にも出会うことができる。「慎重な人間観察」「愚かしい争いの回避」「賢さで切り抜ける」といった教えは、現代社会を生きるわれわれに重要なヒントを与えてくれる。

ただ漫然と流されて生きるのは時間の無駄。人間の一生はあまりにも短く、それを充実したものにするには、目標を定め、それに向かって邁進《まいしん》する必要がある。目標が見つからない人は、それを欲望に置き換えてもよい。すぐ手の届くところにない目標、努力と工夫なくしては達成不可能な欲望を追い求める。そのための手段は『孫子』を熟読すれば、おのずとわかるという寸法である。

本書は何も冒頭から順に読む必要がない。どの章、どの項目から読んでも問題なく、孫子という人物や『孫子』の成立、時代背景などについて知りたい読者は、各章末に入れたコラムのほうから読んでいただいて構わない。どこから読み始めてもためになる本であると、自信をもってお届けする。

島崎　晋

眠れなくなるほど面白い 図解 孫子の兵法 目次

第3章 見極める力を

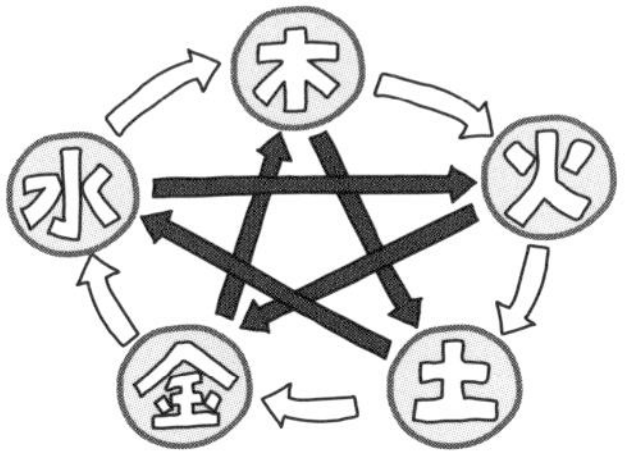

第4章 現場の最前線で

第5章 必勝の策を執る

コラム 『孫子』のあゆみ

本書で紹介している『孫子』原文の書き下しは、浅野裕一著『孫子』(講談社学術文庫)にならった。読みやすさを考慮して、適宜ルビを追加した。

第1章

慎重の上にも慎重を

利害の両面に配慮せよ

何事にも二面性があることを忘れてはいけない

利に雑《まじ》うれば、故《すなわ》ち務《つと》め信《まこと》なる可《べ》し

第八　九変篇《きゅうへん》

現代語訳
利益には必ず害悪の一面があるとわかっていれば、その事業は必ず成功する

物事には例外なく、利益と害悪の両面がある。利益だけに目を奪われていては、いつか必ず大きな失敗をする。逆に害悪ばかりを気にしていると、何一つ事が進捗《しんちょく》しない。しかし、知恵ある人間は、**常に利益と害悪の両面を考慮に入れながら行動をするので、さしたる困難に直面することなく、物事を計画どおりに進めることができる**のである。

過信は慎重さを失わせる

戦略家は利益と害悪の両面を巧みに利用する。どこかの諸侯が自国にとって不利な事業に着手しようとしているときには、その事業にともなう損害をあれこれ並べ立てることで再考を促《うなが》し、ついには計画の撤回にまで追い込む。その逆も然《しか》りで、諸侯に浪費をさせたいときには、相手の自尊心をくすぐりながら

● 利益と害悪の両面に注意し賢く立ち回る

相手の口車に乗せられず慎重に考えることができる

その事業の利益ばかりを強調して、害悪の面に目を向けさせないよう仕向ける。二面性のうちの片方のみを強調することで他国を巧みに操縦する。その術《すべ》に長《た》けてはじめて優れた戦略家と呼ぶに値するのである。

人間は、**どんなに教養や経験を積もうとも、それに比例して思慮深くなるとは限らない。むしろ過信に走る者のほうが多く、そこにつけ入る隙《すき》が生じる**のである。ゆえに本当に見識のある人間は、聞き心地のよい言葉を並べ立てられたときは警戒心を募《つの》らせ、相手の術策にはまらぬよう用心するのである。

敵を観察せよ

相手を上回るには現場での観察力がものをいう

必ず謹《つつし》みて之《こ》れを察《さっ》せよ

第九　行軍《こうぐん》篇

現代語訳

必ず慎重に敵の様子を観察せよ

孫子は戦争に勝つためには、**慎重に敵を観察することが大切**とし、その際の注意点についてこう書いている。

よく見ていればとても多くの情報が得られる

敵兵が杖《つえ》にすがってやっと立っているのは飢餓に瀕している証拠。水汲《く》み係が水を汲む前に自分の喉《のど》を潤《うるお》すのは全軍が渇きに苦しんでいる証拠。多数の鳥が止まっているのはすでに敵兵が陣を払った証拠。旗指物《はたさしもの》の動きが激しいのは戦列が混乱している証拠。攻勢に出る好機なのに実行に移さないのは敵兵が心身ともに困憊《こんぱい》している証拠。夜中に呼び交わす声がするのは怯《おび》えて仲間の所在を確認している証拠。輸送用の牛馬を殺し、その肉を食べているのは追い詰められて死に物狂いになっている証拠。やたらに恩賞を下しているのは士気の低下に苦しんでい

●勝利するためには優れた観察力が必須

fight!
サポート選手の観察
・焦っていないか?
・攻めすぎたり、守りすぎていないか?　など
バランスをチェック
相手選手の観察
・どのくらい疲れてるか?
・戦意が落ちていないか?　など
弱点を見破る
セコンド

// 観察することでどう戦うか見極められる //

る証拠。兵士にやたら罰を下しているのは兵士が命令に服さなくなった証拠——といった具合である。

このように**昼夜をとおして敵の観察をし続ければ、いつ攻撃をしかけるのが最適か、どこに攻撃を集中させるのが最適かはっきりと見極められ、味方の損失を最小限にしながら確実に勝利を得ることができる**。多少時間はかかろうとも、勝利に終われぱいうことなしということだ。

ここまで徹底した人間観察を行なう孫子の慎重さは、戦争に限らず、現代社会の多くの場面で見習うべき姿勢であろう。

敵を知れ

出たとこ勝負の考えかたは非常に危険である

彼《か》れを知り己《おの》れを知らば、百戦して殆《あや》うからず

第三　謀攻篇《ぼうこうへん》

現代語訳
相手の実情も自分の実情も知り尽くしていれば、百回戦っても危険に陥りはしない

　戦争での勝利は五つの要点さえ押さえておけば、あらかじめ予測できる。その第一は戦ってよい場合とそうでない場合を見分けること、第二は大兵力と小兵力それぞれの運用法に精通していること、第三は上下の意志統一に成功していること、第四は計略があるとは知らずに近づいて来る敵を待ち伏せること、第五は有能な将軍のもとでは君主が余計な干渉をしないことである。これら五つの要点を押さえておけば、戦う前から勝敗は決したも同然である。

予測をする前に改めて知らなければならないこと

　しかし、そのためには敵軍と自軍の実情を正確に把握しておく必要がある。**希望的観測は排除して、客観的データの収集に努め、その結果を冷徹に分析する**のである。

●敵を知るためにはスパイ活動も辞さない

相手の隠し事を見破り、勝てる証拠を得る

　したがって軍事においては、敵軍のことも自軍のことも、敵国の内情も自国の内情も知り尽くしていれば、百度戦っても危険にはさらされない。相手について知らず、自軍のことしか知らないようでは、勝ったり負けたりする。相手の実情も自軍のそれも知らなければ、戦争のたびに必ず危険な状態に陥る。

　乱世であれば、敵はおのれの実情が知られぬよう最善を尽くす。そんな**虚偽の姿に欺《あざむ》かれないようにするのが密偵の務めであり、確かな実力を備えた密偵を選抜するのは戦略を立てる者の大事な役目である。**

敵軍の綻《ほころ》びを探せ

相手のわずかな弱みが勝利の糸口になるかもしれない

之《こ》れを蹟《あとづ》けて動静の理《り》を知り

第六　虚実《きょじつ》篇

現代語訳
敵軍を追跡尾行して行動原理を調べ上げる

兵の数がほぼ同じか敵軍のほうが勝《まさ》る場合、敵が陣を整える前に仕掛ける必要がある。すなわち、**行軍途中の敵をしつこく追跡尾行して、敵軍の構成や行動原理をつぶさに調べ上げる**のである。具体的には以下の四つのことをなさねばならない。

相手側の弱点を見破るための四つのポイント

その一は、悪天候や夜間でも行動を起こすのか、本隊が動く前に必ず先遣《せんけん》隊を出すのかといった規則性の有無を確認すること。その二は、どこに駐留すれば補給に支障が生じないか、敵をどこに駐留させれば補給を断つことができるか、勝敗の分岐点となる土地を割り出すこと。その三は、敵の兵糧《ひょうろう》が残りどのくらいあり、短期決戦と持久戦のどちらが自分たちにとって有利か見極めること。その四は、小競り合いを繰り返すことによ

●敵チームの構成や行動原理を偵察する

ラグビーチームの
スカウティング班
おぉっ
倒したい敵チームの
試合をよく見て弱点を探る!

チェックポイント

動きの規則性
連係プレー
スタミナ
勝敗を分けそうなポジション
守りのかたいところ、弱いところ　など

どんな強敵にも必ず綻びはある!

り、敵の守りのかたいところと弱いところを探り出すこと、といった具合である。

敵も勝つつもりでいるのだから、それなりの態勢を整えている。よほどの事情でもない限り、油断することもないはずだが、人間のやることに完全はありえない。**歴戦の名将・名参謀であってもわずかなミスを犯さないとはいい切れず、偵察によりそれを見つけられるか否かが勝敗を分ける大きな鍵となる**のである。

重要なのは、ライバルがいくら強そうでも、あきらめずに勝利を信じること。よく探せば突破口は見えてくるものなのだ。

偵察は入念に

小さな見落としやささいなミスが大きな悪影響を及ぼす

謹《つつし》みて之《こ》れを復索《ふくさく》せよ。姦《かん》の処《お》る所なり

第九　行軍篇

現代語訳
慎重に捜索を繰り返せ。伏兵の潜伏する場所だから

孫子は偵察の重要性を繰り返し強調する。それだけ伏兵による攻撃や奇襲、ゲリラ戦などが頻繁《ひんぱん》に行なわれていたのだろう。

孫子はいう。険《けわ》しい場所やため池、くぼ地、葦原《あしはら》、小さな林、草木の密生した暗がりなどに差し掛かったら、慎重に偵察を反復せよと。**単に偵察するのではなく、人を替えて何度も繰り返せ**とまでいっているのだ。

潜んでいる小さな罠から自分を守るために

警戒されることは敵も承知しているから、そうやすやすとは発見されない場所に身を潜《ひそ》めているはず。また味方に内通者がいれば、敵を発見しても報告をしないに違いなく、そんな計略に引っかからないようにするためにも、人を替えてまでして何度も偵察を繰り返す必要があるのである。

身の安全のためパトロールを繰り返す

パトロールのポイント

・複数人チームの交替制で見落としを減らす
・夜の繁華街、少年のたまり場などに犯罪の兆候がないか確認
・ゴミ捨て場、暗がり、空き家など危険が潜みやすい場所に着眼

小さな危険も察知して安全な環境をつくる

両側が断崖《だんがい》であるとか、隘路《あいろ》が長く続くところでは、偵察は何度やってもやりすぎということはない。そのような進退の自由が利《き》かないところでは、たった一人か二人の敵兵に上から岩や大木を落とされるだけでも大損害が出かねないのである。

日本には「千丈《せんじょう》の堤《つつみ》も蟻《あり》の一《いっ》穴《けつ》から」「蟻の一穴天下の乱れ」などという諺《ことわざ》があるが、わずかな見落としが大局に悪影響を及ぼす例は古今、枚挙に暇《いとま》がなく、**ささいなミスが敗北や失敗につながる可能性は否定できない。孫子のいう入念な偵察活動を怠ってはいけないのである。**

地理の把握は念入りに

アウェイで不覚を取りたくなければ信頼のおける案内人を得よ

敵の侵攻を受けて立つならともかく、それ以外の戦争では他国の領内を進軍することになる。そこが敵国であろうと第三国であろうと、地理に不案内であることに変わりはなく、行く手には山岳や森林地帯、険阻《けんそ》な要害もあれば、沼沢《しょうたく》が広がっているかもしれない。迂闊《うかつ》に進軍して行き詰まれば万事休す。**自ら死地に跳び込むような愚行を避けるためにも、地理の把握は念入りに行なう必要がある。**

郷導《きょうどう》を用《もち》いざる者は、地の利を得《う》ること能《あた》わず

第七　軍争篇《ぐんそう》

現代語訳

現地に詳しい案内人を活用しなければ、地形がもたらす利益を得られない

道に迷うことは生死にかかわる大事である

事前の偵察により地図を作成するか、買収により現地の地図を入手する手もあるが、平面図では得られる情報に限界がある。

そこで、**大軍が移動するにはどの道が最適か、奇襲を仕掛けるのに適した間道や獣道《けものみち》はないか、伏兵のいそうな場所はどこ**

●信頼できる案内人の情報が計画の指針となる

地理や交通を充分に把握して安全な計画を立てる

か、それらの情報に精通した案内人を雇う必要が高まる。案内人は自軍の斥候《せっこう》を同行させたうえで偵察に出すのが最善である。なぜなら、案内人の情報が確かであるかどうか、案内人が敵のまわし者でないかを確認できるからである。

　こうした下準備をすることなく、やみくもに進軍を開始したなら、伏兵に悩まされるのが落ちで、補給路を断たれれば水や食糧の確保にも窮《きゅう》し、本格的な戦闘に入る前に敗北が不可避となる。そんな醜態を避けるためにも、地理の把握は念入りに行なう必要があるのである。

不敗の態勢を築け

守備態勢のなかでこそ勝利の糸口が見えてくる

勝つ可《べ》からざるを為《な》すも、敵をして勝つ可から使《し》むること能《あた》わず

第四　形《けい》篇

現代語訳
必勝の態勢は築けても、敵軍に必敗の態勢を取らせることはできない

孫子は守備を重要と考えたが、そのヒントは古《いにしえ》の戦巧者たちから得たようだ。彼らは**不敗の態勢を築いたうえで戦いに臨む**のを常とした。敵軍に乱れが生じるまで攻勢に出るのは控え、ひとたび乱れが生じたと見れば一気に攻勢に転じる。これであれば〝必勝〟間違いなし。**不敗の態勢を築くことは自分たちでできるが、敵軍の乱れはそうはいかず、ひたすら機を待つしかない。ゆえに守備のほうが重要**というわけである。

膠着《こうちゃく》したときこそ戦略家の腕の見せどころ

さらにいえば、兵の数がほぼ同数の場合、守備に専念すれば戦力に余裕が生じ、やみくもに攻勢に出れば必ず隙《すき》が生じる。**戦力が互角の場合の戦争は我慢比べ、先に痺《しび》れを切らしたほうが負け**というのが、当時の兵法上では常識であったのである。

●互角のときは我慢比べに勝つ!

競技
むやみに攻めない
相手のスキを探す
はったりや見せかけを使ってみる
相手の綻びにつけ入る
論争
恋愛

〃 相手の乱れを、ひたすら待つのが戦略家 〃

それでは、どちらもまったく動かず、膠着状態が続いたときはどうするか。そこは将軍や参謀など戦略家の知恵の発揮しどころで、乱れが生じたと見せかけ、敵軍の攻勢を誘うのが常套《じょうとう》手段だった。守備に徹しながら、敵軍に軽挙妄動《けいきょもうどう》して突出する者があれば、すかさず退路を断ってこれを殲滅《せんめつ》。救援に駆けつける敵軍があれば、これも同じようにして仕留める。敵軍が慌てて守備隊形に戻ったところで、戦力バランスが崩れた後とあっては必ず綻びが生じる。そこをすかさず突け、というのが孫子の戦略だった。

備えあれば憂《うれ》いなし

相手をひるませるだけの万全な守備態勢を取れ

吾《わ》が以《もっ》て待つこと有るを恃《たの》むなり

第八　九変篇

現代語訳
敵がいつ攻めて来ても大丈夫なだけの備えを頼みとせよ

ひと口に守備態勢といっても、ただ漫然と防御を固めればよいわけではない。**敵が攻めて来るものと想定して、いつ来られても難なく撃退できるよう万全の備えをせよ**というのが孫子の教えである。そうしたうえで、ただ撃退するだけでなく、損害を与えたうえで敗走させられればなおのことよい。

攻めの前提としての守備

攻めて来た敵を撃退しさえすればよいとの消極的姿勢は気の緩《ゆる》みにつながる。敵が波状《はじょう》的な攻撃を仕掛けてくればしだいに弱気がもたげ、誰か一人が持ち場を放棄すれば、われもわれもと後に続き、前線の備えが一気に崩壊することになりかねない。

孫子もその危険を見抜いていたから、守備態勢を取るにも、敵に攻撃を躊躇《ちゅうちょ》させる陣形もしくは敵の波状攻撃に堪えうる陣

●徹底的な守備で不敗の態勢を守りとおす

ギロ
ギロ
ギロ
ギロ
「敵が来ないだろう」
とは考えない
だめそうだ

セキュリティーポリスは、入念な準備と計画、十重二十重の警護を行なうから要人の安全を確保できる

// 勝利の要である守備を決して怠ってはならない \\\\

形、第一線が崩れても第二線がすぐさまそれを補いうる態勢を取らせた。**どのような状況の変化にも堪えうる守備態勢。勝利の要《かなめ》としての守備はそうあるべき**というのが、孫子の考えかたであった。

　重要なのは、運頼みで争いに臨むのは禁物ということ。戦略を立てるときは、決して危険を軽んじてはならない。だから、**必勝の目算が立つまでは極力守備に徹し、損害を最小限に抑えることを優先させる**必要がある。相手が見逃してくれればなどと、相手の情けに期待するのは愚《ぐ》の骨頂《こっちょう》にほかならない。

ほどよいところで攻勢を止めよ

勝利が決したなら、相手をあまり追い詰めるな

高陵《こうりょう》には向かう勿《なか》れ

第七　軍争篇

現代語訳
高い丘に陣取っている敵軍に攻めのぼってはならない

大軍の指揮を託される将軍には、決して疎《おろそ》かにしてはならない鉄則がある。高い丘の上に陣取っている敵軍に対し、下から攻めのぼってはならないというのもその一つならば、丘を背にして攻撃して来る敵軍を迎撃してはならないというのも同じである。なぜなら、**下方から上に攻めのぼろうとすれば、どうしても動きは鈍く、勢いが削《そ》がれる**から。敵軍の前まで来たときには疲労困憊《こんぱい》していて、まともに戦える状態にない。これでは不利を免《まぬか》れず、やすやすと討ち取られるのが落ちであった。

カウンターアタックのおそろしさ

また丘を背に攻撃して来る者は退くのが困難であることから、死に物狂いに戦うしかない。わずかな生存の望みに賭《か》ける彼らの鋭鋒《えいほう》は手強く、これをまともに相手にしていては命がいくつ

攻めのときこそ慎重に!

整った守備態勢の相手に挑むと狙われる

↓

不利を免れない

執拗に追撃すると大きな反撃が来る

↓

自分も損害を免れない

**// 正面きっての迎撃をまともに受けると痛い目にあう **

あっても足りない。ゆえに**正面切っての迎撃を極力避け、鋭鋒の鈍るのを待て**というのである。

同じように、見せかけで敗走する敵軍を追撃してはならず、包囲した敵軍には逃げ口を残しておき、故国に撤退する敵軍を執《しつ》拗《よう》に追撃してはならない。

退路を断たれた敵軍は死中に活路を見出そうと死に物狂いでかかって来る。そんな奮戦をされては味方の損害は増えるばかり。これでは勝っても喜べない。

重要なのは、**相手をとことん追い詰めることなく、ほどよいところで攻勢の手を緩める冷静さが必要である**ということだ。

将兵を無駄死にさせるな

不利益を被らないためにも軽々しく争ってはならない

死者は以《もっ》て復《ま》た生く可《べ》からず

第十三　火攻《かこう》篇

現代語訳

死んだ将兵が生き返ることはない

死んだ人間は蘇らず、一度落ち込んだ士気を高めるのも容易ではない。だからこそ大事を託された人物は犠牲を最低限に抑えられるよう、慎重に計画を立てなければならない。無益な争いには、手を出さないほうがよいのである。

争いで奪われるものには深くて大きな意味がある

戦争は優位にあるうちに終わらせるべきで、勝利に浮かれて欲をかきすぎれば、いつ形勢逆転となるかわからない。敗走となればそれまでの戦果がすべて無に帰するのだから、慢心することなく、緊張感のあるうちに講和を結び、速《すみ》やかに撤退するのが得策である。多大な犠牲を払いながら、何も得るところがなかったでは、面目は丸つぶれ。威信の低下は免れない。

利益が得られないならば開戦に踏み切らず、勝利が見込めな

戦う前の慎重な判断で犠牲を最小限に抑える

戦うか?　回避するか?

判断のポイント

- 脅威がなければ戦わない
- 勝利の目算がなければ戦わない
- 利益が得られなければ戦わない
- 戦果を得たなら講和を結ぶ

↓

犠牲を出さないために考える

↓

〃 戦いではいたずらな消耗を避けねばならない 〃

いなら軍事力を行使せず、危険が迫らなければ戦闘を回避する——そういう冷静さが大切なのである。

敵と争うにしても、一時の憤激に任せて戦闘をしてはならない。軽はずみに開戦して、もし敗北すれば元の子もないのだ。

滅亡した国家は決して再興できず、死んでいった人間は決して生き返らせることはできない。だから先見の明のある戦略家は軽々しく開戦に踏み切らぬよう慎重な態度で争いに臨み、自制する。これこそが国家の安泰を保ち、いたずらな消耗を避ける方法なのである。

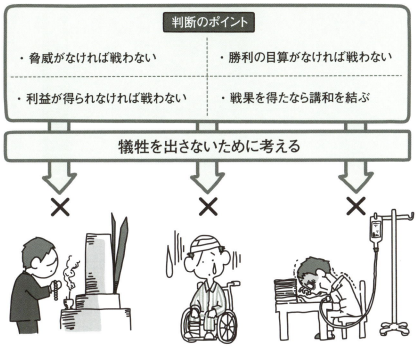

戦争とは騙《だま》し合いである

相手に真実を悟らせない努力をせよ

算《さん》多きは勝ち、算少なきは敗る

第一　計篇

現代語訳
計略の多い者が勝ち、少ないほうが負ける

戦争では敵に**自軍の実力を過少評価させることが大事で、進軍速度や位置を誤認させることも重要である。そのためにはどれだけの工作を施《ほどこ》そうとも、やりすぎではない。**

敵を意のままに操れるようになればしめたもの。敵軍を都合のよい場所に誘い出し、大打撃を与えることができる。

相手と対面する前から策謀を巡らす

敵が予想していない地点に兵を差し向け、敵の動揺を誘うのも一つの手段である。開けた平地で堂々と勝敗を決するなど愚の骨頂。自軍の損害は最小限に抑え、敵には最大限の損害を与える。そのためには敵軍に虚偽の姿のみを示し、敵が真実を悟ったときは後の祭り。可能であれば、敗因をも悟らせないのがいちばんの勝ちかたである。

偽りの姿を見せて相手を操る

羊の皮を着た狼

親切そうにふるまいながら、
内心ではよからぬことを
考えている人のたとえ

猫を被る

本性を隠しておとなしそうにふるまうこと。また、知っていながら知らないふりをすること

能ある鷹は爪を隠す

才能を表面にあらわさないたとえ

誤認させる手段を多く用意できれば勝てる可能性が高まる

そもそも戦争とは戦闘の前から始まっている。**軍議の席でどれだけ多くの可能性を追求し、どれだけ巧妙な策を考え出したか。勝敗はその数の多寡《たか》で決するのである。**

軍議の席で一つも策が練られず、正攻法で勝つのみ、真正面から進むのみなどというのは問題外で、それでは戦う前から敗北を宣言したのも同然というのが、孫子の考えであった。

総じて現代社会では、相手がどんな人間かわからないうちは、猫を被るか爪を隠すのが賢明である。相手が羊の皮を被った凶暴な狼の可能性もあるからだ。

コラム

『孫子』のあゆみ その1

孫子は二人いた!?

孔子《こうし》や荘子《そうじ》の「子」と同じく、孫子の「子」も敬称であって名前ではない。前漢時代の歴史家司馬遷《しばせん》は『史記』のなかで、二人の孫子を取り上げている。一人は春秋時代末に呉《ご》王闔閭《こうりょ》に仕えた孫武《そんぶ》で、もう一人は戦国時代中期に斉《せい》の威王に仕えた孫臏《そんぴん》である。

現存する『孫子』十三篇の著者はどちらの孫子なのか。司馬遷は闔閭の発した「おぬしの著書十三篇を、私は残らず読んだ」という言葉を紹介しているが、これが現存する『孫子』十三篇と同一のものという確証はない。

孫武と孫臏の関係についても、司馬遷は孫臏を孫武の子孫としているが、これを傍証する史料はほかにない。山東省広饒《こうじょう》県に現存する孫武祠《し》には、孫臏を孫武の六代目の子孫とする系図が掲げられているが、これまた傍証する史料はなく後世の創作である可能性が高い。同系図では、孫武の八代の先祖を斉の王室を乗っ取った田氏の祖である田完とし、孫武の祖父の代に孫姓を賜ったとしているが、これも右に同じである。

孫武と孫臏の生きた時期には百年のずれがあり、孫というのもありふれた姓である。遠縁であった可能性までは否定しないが、直系の子孫というのはさすがにできすぎである。ともに兵法家として名をなした人物であるから、血縁者に仕立てたい気持ちはわからないではないが。

肝心の『孫子』の著者だが、現在では孫武であることが定説となっている。

第2章

リーダーとしての心構え

戦争とは国家の大事なり

どんな相手でもむやみに争いを起こしてはならない

孫子は、戦争とは国家の命運を左右する大事なりと規定したうえで、まず五つの基本事項を提示している。それは「道《どう》、天《てん》、地《ち》、将《しょう》、法《ほう》」の五つからなり、**「道」は内政の正しいありかた、「天」は気象条件の良し悪し、「地」は地理的条件の良し悪し、「将」は指揮官の能力、「法」は軍法をあらわしている。**

死生《しせい》の地、存亡の道は、察《さっ》せざる可《べ》からざるなり

第一　計《けい》篇

現代語訳　兵の生死を分ける戦争や国家の命運にかかわる選択は慎重に行なわなければならない

従う者たちの信頼を得てこそリーダー

軍が最大限の力を発揮するためには上下の心を一つにする必要があり、そのためには日頃の統治が大事。兵に疑念を抱かせず、生死をともにする腹をくくらせるには厳格にして公正な態度に終始し、開戦に至るまでにしっかりと信頼関係を築き上げておかねばならない。それこそが孫子のいう「道」である。

四番目に挙げた「将」もこれに関連するもので、兵の命を預

●リーダーが考えておかなければならない五つのこと

// 部下たちの安全のためにも軽々しく重大な決断をしない \\

かる立場上、指揮官が必ず有していなければならない資質、具体的には**物事を明察できる知力、部下からの信頼、部下を思いやる仁慈《じんじ》の心、困難に挫《くじ》けない勇気、規律を維持できる厳格さな**どをさしている。指揮官を、現代の競争社会を生き抜く企業のリーダーと読み替えることもできるのではないだろうか。

そのような指揮官にしてはじめて「法」を的確に行使できるのであって、五つの基本事項のうち一つでも不安があれば戦争を仕掛けてはならない。国家の大事である戦争を軽々しく行なってはならないのである。

作戦が不採用のときは任を下りよ

期待されていないリーダーはチームを勢いづかせられない

将《も》し吾《わ》が計を聴《き》かば、之《こ》れを用《もち》いて必ず勝つ

第一 計篇

現代語訳
もし主君が私の戦略を採用されるならば、それを運用して必ず勝利しましょう

孫子は前項の五つの基本原則を提示しているが、それが君主によって採用されなかったときにはあっさりと将軍職の拝命を拒絶し、その国から立ち去るようにと説いている。

結果を出せる自信がないならば自ら身を引く

孫子が提示したのは**強い軍隊をつくり上げるだけでなく、国家の総合力を高めるための道すじであり、それが受け入れられなければ将軍職についたとて、なす術《すべ》がない**。問題は非合理かつ理不尽なその国の現状にあるというのに、それを改めずに富国強兵が図れるはずはない。いくら有能な指揮官であっても、あれもダメこれもダメと制限を設けられては、腕の見せどころがない。失敗が目に見えているのならば採用を辞退し、速《すみ》やかに次の就職先を探すのが賢明というものである。

●リーダーが力を発揮できる環境——現代版

権限掌握の約束事が守られなければリーダーは力を発揮できない

遊説《ゆうぜい》家《か》のなかには好待遇に目がくらみ、戦略が退けられても、喜んで仕官した者もいただろう。だが、前提条件が不採用という状況下でどうして成果を挙げるというのか。手も足も封じられた状態で戦場へ出向いたところで、天祐《てんゆう》に恵まれない限り勝利して凱旋《がいせん》できるはずはない。惨めな敗北を喫して捕虜になるか、下手をすれば戦死する恐れもある。たとえ生還しても敗戦将軍の汚名を着せられる。

そんな屈辱を回避するために孫子は**前提となる戦略が不採用のときは、リーダーは任を下りるべき**と説いたのだった。

指揮官は国家の補佐役である

トップとリーダーの間に隙があってはならない

輔隙《たすけすき》あれば則《すなわ》ち国は必ず弱し

第三　謀攻篇《ぼうこうへん》

現代語訳
補佐役と君主の間に間隙があれば、その国家は必ず弱体化する

将軍は国家の補佐役であり、軍の指揮官である。指揮官と君主（国のトップ）が親密であれば国は安泰であるが、**両者のあいだに隙間が生じれば、その国は必ず弱体化する**。たとえば、指揮官の出征中にその弊害が顕著になることがある。ここぞとばかり君主に取り入ろうとする者もいれば、敵国に内通して君主と指揮官間の亀裂を広げようと画策する者もいるのである。

二重規範は混乱を招く

本来であれば、前線の実情を知らない君主は細かな指図をすべきではない。それなのに不確かな情報に基づき、進撃してはならない状況で進撃命令を、撤退してはならない状況で撤退命令を伝達することがある。

ほかの作戦行動についても同じで、後方にいる君主が命令を

●余計な指示が現場を混乱させる

トップと指揮官が親密であればこうはならない

下せば、前線にいる兵士たちは指揮官の命令と君主の命令のどちらに従えばよいか戸惑い、軍としての体《てい》を守れなくなる。指揮系統が乱れては敗北が避けられず、窮状を見た他国が敵方について参戦する恐れはもちろん、亡国の危険さえをも生じる。

ゆえに**君主は、ひとたび指揮官を任命したなら全権をその指揮官に託し、現場の指揮に一切干渉してはならない。**

そして、**指揮官の側でも君主からどのような命令が下されようと絶対服従ではなく、目前の状況に対処することを最優先させるべき**である。

采配の妙《みょう》

相手にまったくつけ入る隙を与えずに勝負を終わらせる

勢《せい》とは、利に因《よ》りて権を制するなり

第一　計篇

現代語訳

勢いとは、そのときどきの有利な状況によって、一気に勝敗を決める切り札をいう

戦争の勝利は個人の勇気や能力に頼るのではなく、勢いを利用すべきである。ここでいう**勢いとは、戦闘に突入する際の軍全体の勢いのことで、勝利を一気に呼びこむ切り札である。**

戦略家は開戦にあたり、要地を襲うと見せかけるか、なんらかの利益をちらつかせることで敵軍を狙い定めた地点に誘い出すのを得意とする。そこは攻撃する側には好都合だが、防御側には不都合な地。これであれば勝てる可能性が高くなる。

勢いよく石をぶつけて卵をつぶす

もちろん、凡庸《ぼんよう》な指揮官にはそこまでの作戦は無理である。有能な指揮官にしてはじめてできることであって、彼らは大軍を指揮するにあたっても、小部隊を指揮するかのように整然と全軍を動かすことができる。

●リーダーは個々の力をまとめて大きな力をつくる

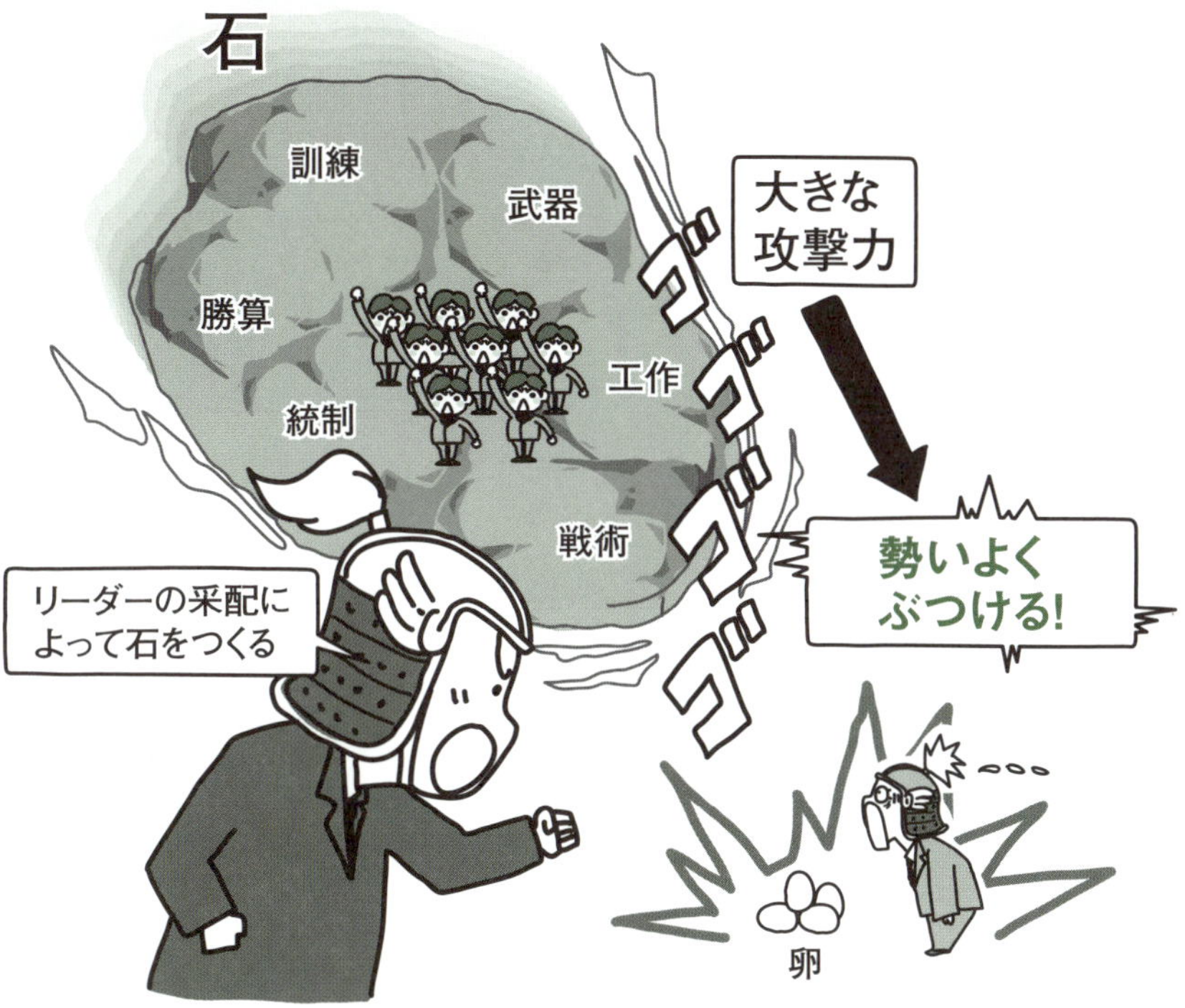

// 味方を強くし、相手を弱くして攻撃するのが勝利の鉄則 \\

全軍を整然と動かすには指揮官と兵との間の平素からの信頼関係が不可欠となる。「この指揮官の指揮に従っていれば決して敗れることはない、多大な恩賞に預かれるのは間違いない」と思わせることが必要だ。

こうして**勢いづいた軍が敵軍をやすやすと撃破する様子はまるで石を卵にぶつけたよう**で、敵軍の将兵はなぜ敗れたのかわからないうちに戦死するか捕虜となるのである。

現代にたとえれば、リーダーは部下たちを適材適所、うまく使いこなしてチームを勢いづかせることが大切ということだ。

評判は気にしなくていい

派手な勝利は不要。地味でも確実な勝利こそが大事

勝兵《しょうへい》は先ず勝ちて而《しか》る後《のち》に戦い、敗兵《はいへい》は先ず戦いて而る後に勝《かち》を求む

第四　形《けい》篇

現代語訳
勝つ軍は不敗の態勢を築いてから戦いに臨むが、負ける軍は戦いに臨んでから勝利を求める

戦略家はまず不敗の態勢を築いてから敵の動向を絶えず監視し、一瞬の隙を見逃さず難なく勝利を収める。戦闘開始後に策を練るような軍は最初から負けたも同然である。

犠牲を最小限に抑える結果に導け

有能な指揮官は洞察力が常人の域を超えており、確実に勝利を収めるけれども、決して派手な戦いかたはしない。下準備を入念に施したうえで戦いに臨むものだから、勇猛な戦いを見せつける場面も必要なく、それでいてまったく危なげなく、勝利を手にするのである。当の指揮官にしてみれば、戦争の駆け引きを知らない人びとから賞賛されるようでは、まだまだ半人前というのが正直な思いといえる。

後日、戦闘の詳細を聞く人びとからすれば、勇猛な武将の存

地味でも危げない勝利が最善

賞賛されるような見せ場などなくてもいい

在や奇策を駆使しての勝利劇ほど面白いものはない。だが、実際の戦闘では多くの血が流され、多くの若者が命を断たれる。生きるか死ぬかの攻防を展開する以上、受けを期待しての戦いなどもってのほか。損害を最小限に留めながら勝利を収めるのが最善の道である。ゆえに事前の工作が重要になるわけで、**世間の評判を気にしてわざわざ見せ場をつくろうとする指揮官ほど愚かで危険な存在はない。**

　一般人にはどこに勝因があったかわからぬまま、確実に勝利をものにする者こそリーダーと呼ぶに値するのである。

正法と奇法を使いこなせ

奇策を成功させれば勝利にぐっと近づける

戦争に派手な演出は不要だが、騙し合いという性格上、**正攻法と奇策をうまく使い分けること**は必要だった。

敵軍と対陣する際には正攻法をもってする。だが、戦力が互角であれば、敵軍に隙が生じるまでじっと待つか、奇策を弄《ろう》して敵軍の乱れを誘う必要がある。

奇正《きせい》の環《めぐ》りて相《あい》生《しょう》ずるは、環《かん》の端《はし》母《な》きが如《ごと》し

第五　勢《せい》篇

現代語訳
奇法と正法とが巡りながら生じていくさまは、まるで丸い輪に始まりと終わりがないようである

奇策が膠着《こうちゃく》状態を打開する糸口となる

奇策は奇襲でも内応工作でも構わない。要は敵軍の虚《きょ》（備えのないところ）を突ければそれでよいのだ。小競り合いで負けたと見せかけ、敵軍を陣の外へ誘い出すことはもちろん、敵軍に陣の移動を促すのもまたよしである。

孫子はここで、人の上に立つリーダーは正攻法と奇策を巧みに使い分けねばならないと教えているのである。**どちらか一方**

正面で向かい合い、裏から相手を弱らせる

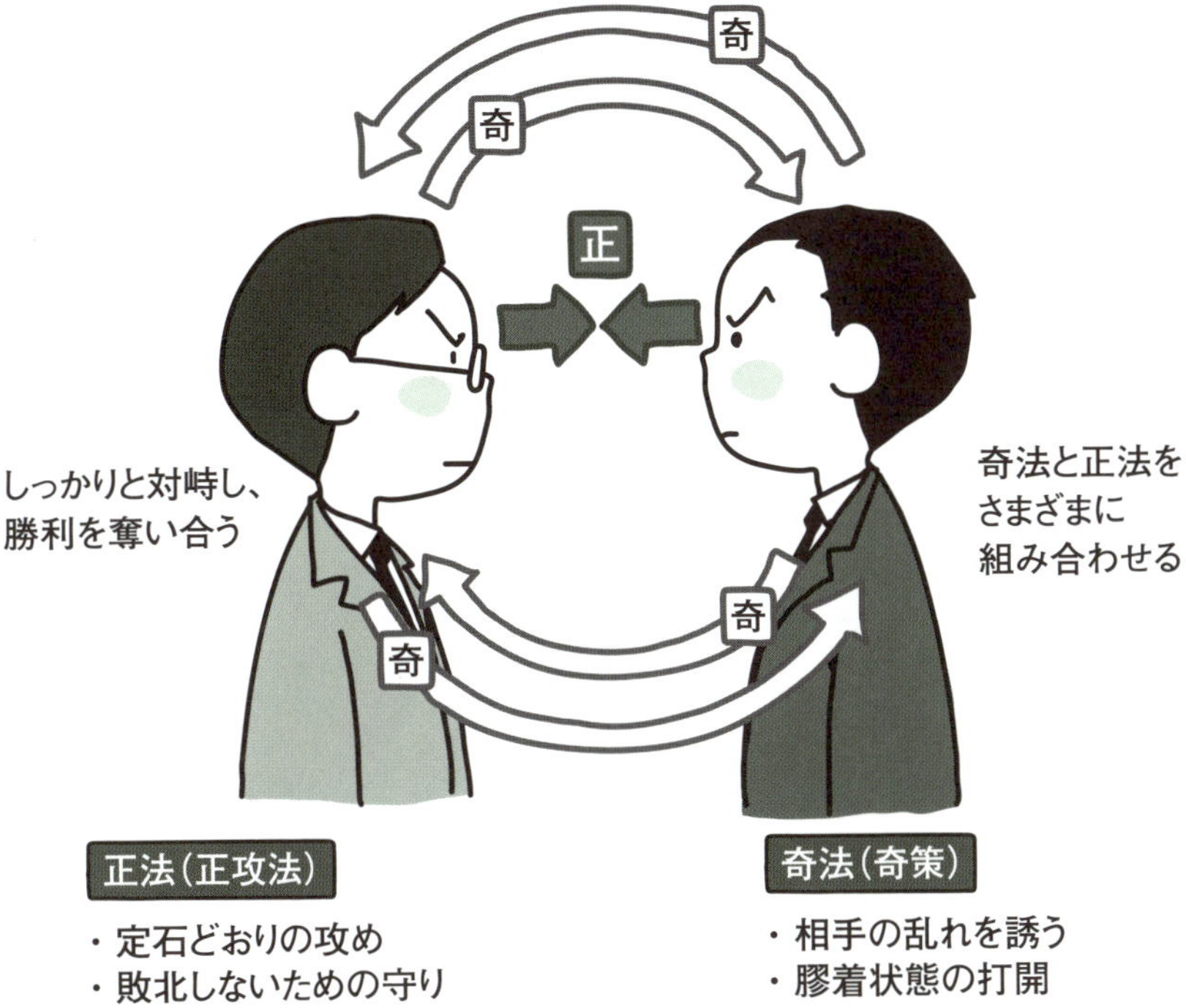
奇
奇
正
しっかりと対峙し、
勝利を奪い合う
奇法と正法を
さまざまに
組み合わせる
奇
奇
正法(正攻法)
・定石どおりの攻め
・敗北しないための守り
奇法(奇策)
・相手の乱れを誘う
・膠着状態の打開

いかに奇策を繰り出すかがリーダーの知恵の見せどころ

に偏っていると、相手に行動を読まれてしまうからだ。それで失敗が重なれば、部下からの信頼も失いかねない。

　相手が百戦錬磨の強者であれば、正攻法から入るのがよいだろう。相手のほうが上手《うわて》の場合、いきなり奇策を繰り出してはかえって軽んじられる。

　奇策を出すのは、お互いに、誠意のある人間、交渉相手に相応しい人間であると認め合い、真剣勝負に入ってからで充分間に合う。初対面の相手であればなおさら、しばらくは軽いジャブを出し合い、相手の実力を見定めるのが賢明であろう。

指揮命令系統を整えよ

治・勇・強を保持して不敗の態勢を続ける

闘乱《とうらん》するも乱《みだ》る可《べ》からず
第五　勢篇

現代語訳
両軍入り乱れての混戦状態になっても指揮系統が混乱してはならない

開戦前は整然と統率されていた軍隊でも乱戦になれば陣形も崩れ、編成や指令に混乱が生じる。開戦前には意気盛んだった兵士らも戦況不利となれば臆病風に吹かれる。開戦前は強大な軍隊でもひとたび劣勢に陥れば、たちまち戦力が低下する。

これらの事態を避けるためには、指揮官に臨機応変《りんきおうへん》の才と強い自覚が求められる。そして、それを備えた指揮官の軍は開戦前の状態が乱戦に突入しても維持されるのである。

指揮系統・勢い・態勢を整える

強い軍隊は、最悪の事態を回避するどころか、非常に高い確率で勝利を呼び込むことが可能で、その要諦は「治」「勇」「強」の三つにある。

ここでいう**「治」は軍隊に対するしっかりとした統制、「勇」**

●勝利のキーワードは「治・勇・強」

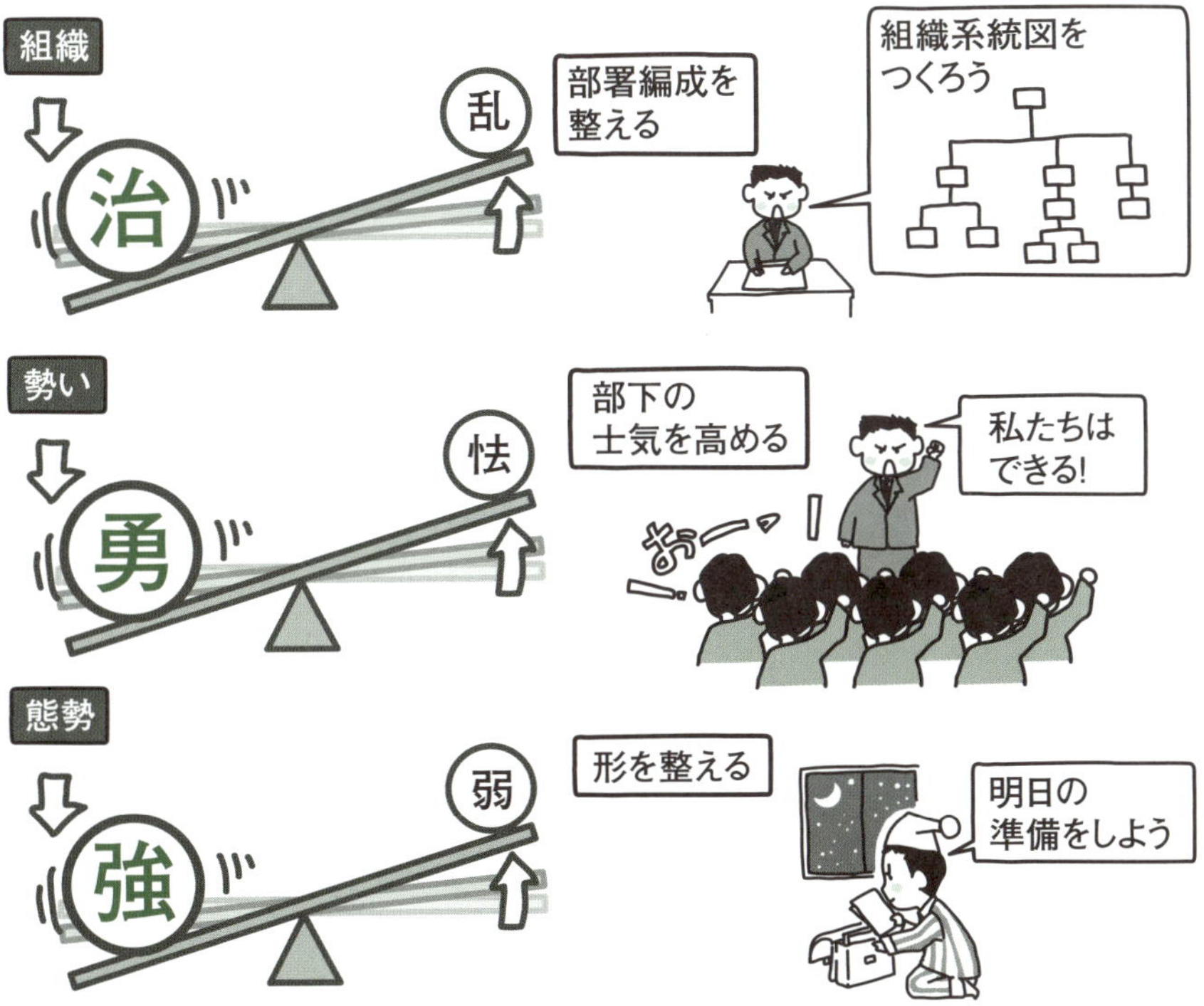

リーダーは部下が乱・怯・弱に傾かないように統率する

は戦闘に突入する際の勢い、「強」は強力な陣形を意味しており、およそ部隊編成や指揮命令系統がしっかりしている軍隊は、糸がもつれ合うような混戦状態になっても決して混乱することはない。水が渦巻くように絶えず陣形が変化しても、部隊編成そのものが破綻することもなければ、敗北を喫することもない。

そのためリーダーは、絶えず「治」「勇」「強」に気を配り、それらが**「乱」（＝混乱）、「怯」（＝弱気）、「弱」（＝敗北の態勢）へと転じぬよう最善を尽くせ**というのが、孫子の教えである。

兵を捨て駒扱いするな

赤子を見守るように部下を見守れ

故《ゆえ》に之《こ》れと倶《とも》に死す可《べ》し

第十　地形篇

現代語訳

だからこそ、いざというとき、生死をともにしようという気になるのである

優れた指揮官は兵の親代わりであると同時に教師でもある。

戦争とは、国を守るとはいかなることか、兵の役目とはいかなるものか、それを日頃の訓練と実戦の場で叩き込むのも指揮官の役割である。そして教育の成果が上がったことを世間に知らしめるには、立派に成長した兵たちをできるだけ多く、生きて本国に連れ帰らねばならない。

真の優しさを示すことがリーダーの仕事

指揮官として兵に注ぐ眼差しは平素から愛《いと》しい赤子に対するよう、兵に接する態度は実の親がわが子に対するよう慈愛《じあい》に満ちていなければならない。そうまでするからこそ、兵を危険な任務につかせる際も、指揮官と生死をともにしようという覚悟をもたせることができるのである。兵を消耗品扱いする指揮官

●部下の負担に配慮する慈愛の心をもつ

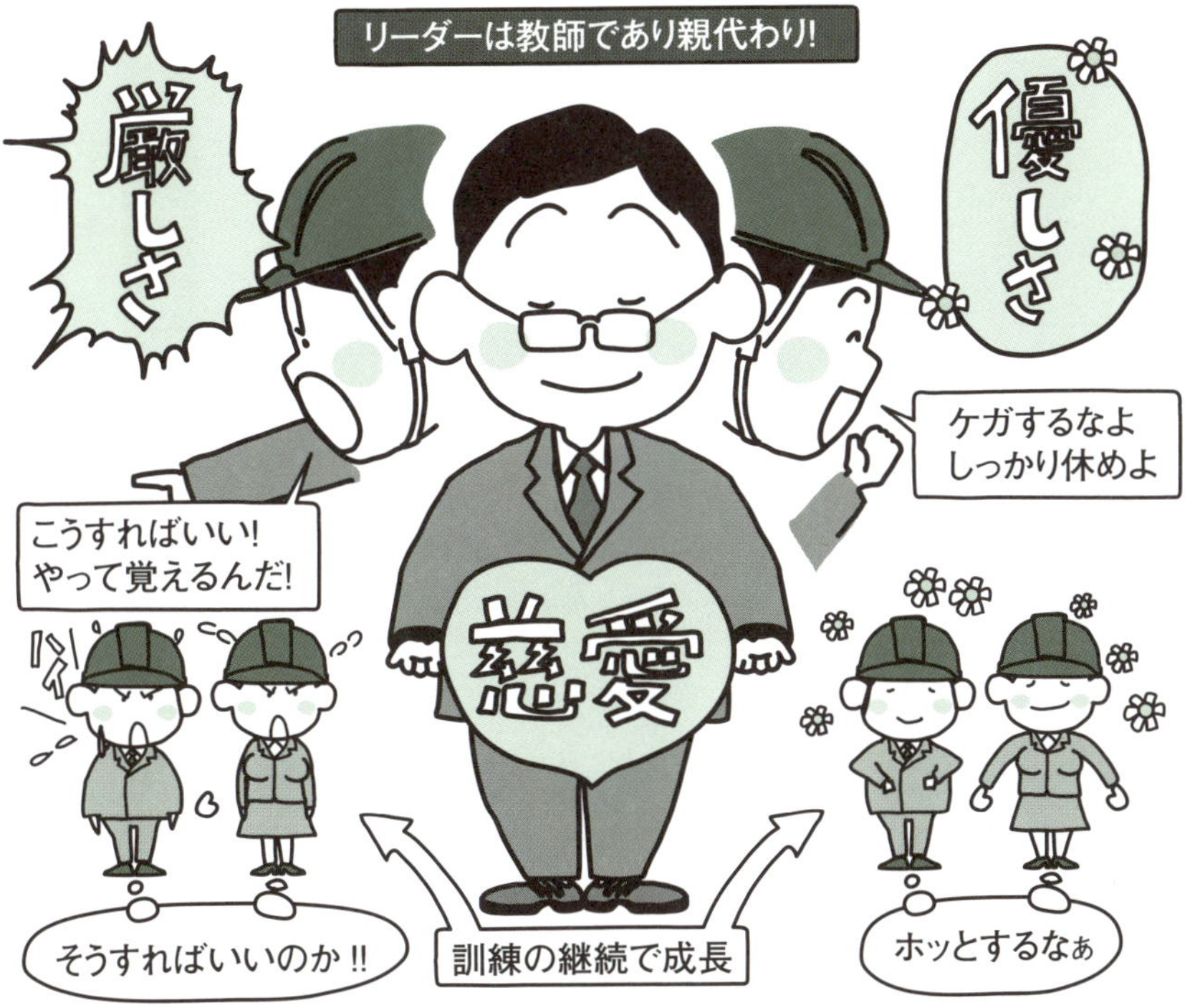

〃 優しさと厳しさをバランスよく使えることがリーダーの資格 〃

には失格の烙印《らくいん》が押される。優しさは上辺だけではなく、実際の行動で示す必要があるのである。だが、ただ可愛がればよいわけではなく、命令どおり行動するよう、厳しくしつけることも不可欠である。もしそれを怠れば、放蕩《ほうとう》息子の集団を飼っているようなもので、軍隊としての用をなさない。

優しさと甘さは異なるというところがポイントだ。**慈愛はよいが溺愛《できあい》はよくない。その違いをはっきりと認識したうえ、優しさと厳しさを器用にバランスよく使いこなせる者だけが、リーダーとなれる**のである。

信賞必罰《しんしょうひつばつ》

部下の心服を得られていればいつでも活路は開ける

令《れい》の素《もと》より信《しん》なる者は、衆《しゅう》と相《あ》い得《う》るなり

第九　行軍《こうぐん》篇

現代語訳

平素から軍令を誠実に機能させている将軍は兵と心が一つになっている

兵はただ数が多ければよいわけではない。少なくてもまとまりがあり、軽率な突撃さえしなければ、最後には敵に打ち勝つことが可能である。

処罰をすることで心服を得られる場合もある

兵をまとめられるようになるためには、指揮官はまず前項で論じたような手段で兵と親しむことが大切である。それができるまでは厳しい処罰を施してはならない。そうでなければ兵は指揮官に心服せず、**彼らの気持ちを得られなければ、どんなに命令を下しても思うように動かせない**からである。

反対に、**兵の心服を得ていても断固とした処罰ができないようでは、その軍隊は役立たずになってしまう**。甘えが生じるからで、人心の緩《ゆる》みは戦場では命取りである。ゆえに指揮官は飴《あめ》

●よいことをよい、悪いことを悪いといえる強さ

公正な態度で信賞必罰を励行し、信頼を育てる

と鞭《むち》を巧みに使い分けることによって軍隊の統制と団結を強めなければならない。

指揮官は兵たちと慣れ親しみながら公正な態度を示すと同時に、軍律に背《そむ》く者があれば断固とした処罰を下さねばならない。**信賞必罰《しんしょうひつばつ》を明確にしなければ、兵に畏敬《いけい》の念を抱かせることも、真の忠誠を獲得することもできない**からである。

平素から軍令が行き届いているかどうかで、その軍の強さがわかる。軍令違反が放任されていては、いざというときに兵を縦横に活用することができないからである。

兵の心を一つにせよ

部下を助け合わせればチーム力が一気に高まる

舟を同《おな》じゅうして済《わた》るに当たりては、相《あ》い救う

第十一　九地《きゅうち》篇

現代語訳
同じ船に乗った人びとは助け合う

呉《ご》と越《えつ》の人間は犬猿《けんえん》の仲であるが、同じ舟に乗せて大河を渡らせれば、まるで謀《はか》ったかのように協力し合う。役割分担をして助け合わなければ全員の命が危ういからで、誰の指図がなくとも事はスムーズに運ぶ。今でも使われる「呉越同舟」という慣用句の出典は『孫子』のこの部分である。

軍隊の操縦方法もこれと同じで、軍全体の心を一つにできるかどうかは、指揮官の手腕にかかっているのである。

助け合わせれば大きな力が生みだせる

怪力の持ち主はもちろん、脆弱《ぜいじゃく》な者をも勇者と思い込ませ、遜色《そんしょく》のない奮戦をさせる。そのためには**助け合わなければ共倒れを免れないことを自覚させる必要がある**。命がかかっているとなれば、ふだん不仲な者同士でも阿吽《あうん》の呼吸で行動すること

●助かるためには助け合うしかない

呉《ご》越《えつ》同《どう》舟《しゅう》

仲の悪い者同士が行動をともにすること。また、共通の利害があれば仲が悪い者同士でも協力し合うこと。

目的と手段を共通にすればどんなメンバーでも一丸となれる

ができるからである。

人の気持ちというのは伝染する。よいほうに伝染させるか、悪いほうにさせるかは上に立つ人間の手腕や個性にかかっており、有能なリーダーであれば、その人なりの方法でいともたやすくやってのけるであろう。

重大な危機は人びとから思考力はもちろん、気力や体力をも奪うが、そんななかでも**助かる望みがあるとなれば、人びとは一二〇パーセントはおろか、二〇〇パーセントもの力を発揮できる**。その道理をわきまえていれば、ピンチをチャンスに変えることができるのである。

全軍を一糸乱れることなく操縦せよ

整然と躍動しているチームはそれだけで迫力がある

民《たみ》の耳目《じもく》を壹《いっ》にする

第七　軍争篇《ぐんそう》

現代語訳　兵士たちの認識を一つの方向に集中させる

能《よ》く士卒《しそつ》の耳目《じもく》を愚《ぐ》にして

第十一　九地篇

現代語訳　兵の認識能力を無効化する

戦場に出向くにあたり、指揮官は兵に作戦の子細を説明する必要はなく、むしろ避けるほうが賢明である。

兵に知らせるのは最終的な目的だけ。**逃亡兵や敵への内通者が出ても作戦に支障を来《きた》さぬよう、最低限のことしか知らせず、進路を何度も変えて攻撃地点がどこになるかもわからなくさせる**。軍を率いるには、それほど慎重な姿勢が必要である。

凄《すご》みを見せつけて相手をひるませる戦法

指揮官には全軍を一糸乱れることなく操縦する才も求められる。突出する者や勝手に後退する者が出ては、全軍に悪影響を及ぼすからだ。そのためには指揮系統を明確にすると同時に、口頭では離れた位置に待機する兵の耳には届かないから、太鼓《たいこ》や鐘《かね》に加え、旗《はた》や幟《のぼり》をも併用する。**あらかじめルールを通達し**

●チームを一丸にまとめるのがリーダーの役割

整
然
合唱コンクール
振りつけまでピッタリ!
別の
参加チーム
戦意低下
リーダーの役割
・メンバーの心を一つにする
・活動に集中させる（余計なことを考えさせない）
・相手側に統制を見せつける

強さを見せつけることも勝利を呼び込む要素

ておけば、太鼓の音や旗の動きだけで指揮官の意思を伝えることができるからである。

整然と行動する軍隊はそれだけでも相手を震え上がらせるに充分。敵軍の統制が緩ければ、鐘の音や旗の合図だけで粛々《しゅくしゅく》と前進して来る敵軍を見るだけでも、たちまち全軍に動揺が走る。万全であった守備にも綻《ほころ》びが生じるはずなので、そこを攻めれば必ず戦局の打開につながる。

この策が成功するかどうかは、指揮官が兵の心を一つにすることができるかどうかにかかっており、リーダーとしての資質が大いに問われる局面である。

安全管理は指揮官の義務

進むときは常に道の状況とその後の展開を想像することが大切

将の至任《しにん》にして、察せざる可《べ》からざるなり

第十　地形篇

現代語訳
（地形にかんする六つの事柄は）指揮官にとって重大任務なので、よくよく考えておかなければならない

孫子は、**指揮官には戦場とそこへ至る地理・地形にかんして把握しておかねばならない六つの道理がある**という。それは、四方に開けているところ、途中に行軍を滞らせる難所のあるところ、脇道が分岐しているところ、道が急に狭まっているところ、高く険しいところ、さらに敵軍との距離についてである。

地形にかんする六つの道理と対処法

四方に広く通じ、開けている場所を見つけたなら、敵軍よりも先に高地の南側に陣取り、補給路を確保しなければならない。行軍を妨げる難所を見つけたら、その先に敵の防御陣地があるかどうかによって態度を決めよ。道の分岐点を見つけたら後退して、敵がそこに差し掛かるのを待って攻撃を仕掛けよ。隘《あい》路《ろ》に出会ったら敵味方のどちらが先着したかによって態度を決

●リーダーは道を覚えて部下を安全に引率する

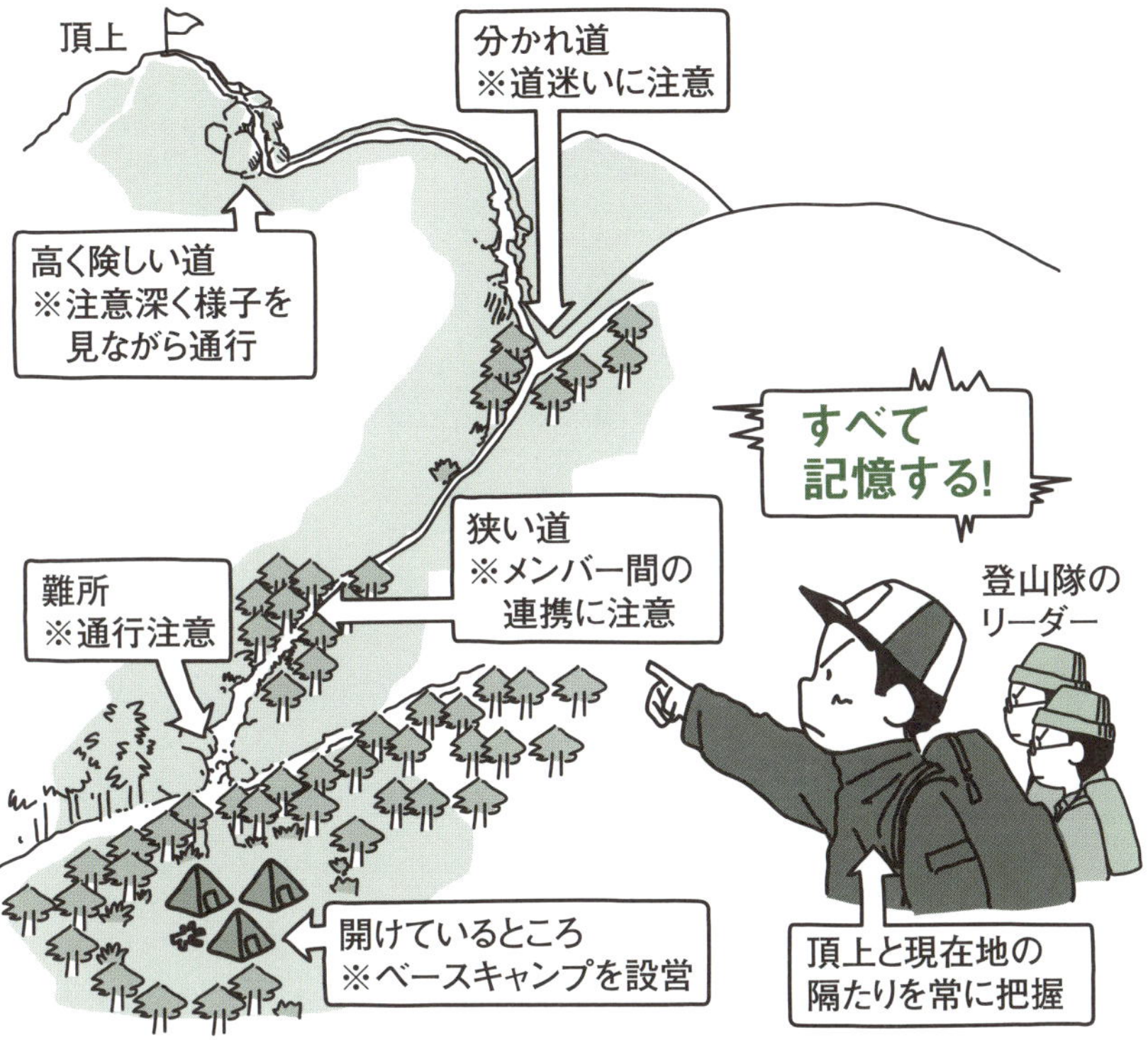

それぞれの道に、それぞれの特徴的な危険がある

めよ。高く険しいところでは、自軍が先着した場合にはその南側に陣を張り、敵の来襲を待ち受け、敵に先着されたなら後退して様子を見よ。さらに、両軍の陣地が遠く隔たっていて、兵力が互角のときには先に戦いを仕掛けてはならないということである。

この孫子の教えは**リーダーに安全管理を説くものである。**チーム全体が目的地、あるいはなんらかの目標へと行き着くためには、**常に先行きの危険に気を配り、その対処法を考える慎重なリーダーの存在が不可欠なのである。**

コラム

『孫子』のあゆみ その2

孫武とその時代

孫武《そんぶ》は春秋時代末に長江下流域で勢力を張る呉《ご》王闔《こう》閭《りょ》に軍師として仕えたが、その時期と場所こそが孫武の兵法を生み出す要因となった。

春秋時代は周《しゅう》王の実力と権威が下降線をたどり続けた時期。外敵を迎撃するにはそのときどきの最有力諸侯を盟主として擁立せざるをえず、当初は黄河流域の、いわゆる中原諸侯が入れ替わりその役割を担っていた。ところが、春秋時代も半ばを過ぎると、長江流域諸侯の台頭が目覚ましく、中流域の楚《そ》をはじめ、下流域の呉や越《えつ》も盟主の座をうかがうようになった。

長江流域諸国の台頭は戦術の変化をもたらした。それまでの戦争では二頭の馬で引く戦車が軍の中核を占め、戦場は視界の開けた平原に限られ、勝敗は戦車戦の帰趨《きすう》により決せられたのが、長江流域では沼沢地が多いことから戦車は補助手段にすぎず、軍の中核を占めたのは歩兵だった。

歩兵であればでこぼこの悪路はもちろん、戦車が走れない山中や森林でも進軍できる。戦車とは比較にならない行動範囲を誇り、戦場も平原である必要がない。このため長江流域諸国の戦術は多様性に富んでおり、それにかんする指南書として最初に著《あら》わされたのが孫武の兵法書『孫子』だったのである。

戦車戦に慣れ親しんだ将兵に、歩兵の有効活用法を教える手引書が必要とされ、その需要に最初に応えたのが『孫子』だったのだ。

春秋時代の五覇（前770～前403年）

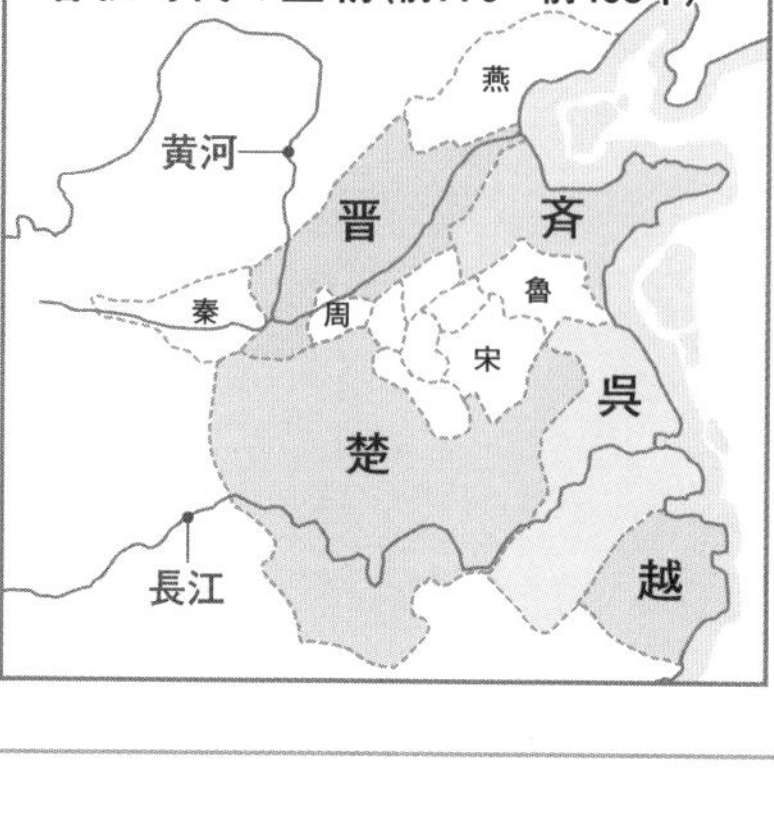

第3章

見極める力を

味方を損なわず、敵軍を無傷で降伏させよ

争わずして相手を屈服させるのが最善の策である

国を全《まっと》うするを上《じょう》と為《な》し

第三　謀攻篇《ぼうこうへん》

現代語訳　敵国を保全したまま勝利するのを最上の策とする

下《げ》は城を攻《せ》む

第三　謀攻篇

現代語訳　いちばんの下策は城攻めである

戦争には勝たねばならない。しかし、戦場で命の奪い合いをするだけが戦争ではない。一戦も交えることなく敵国を屈服させるのが最善の道で、戦闘による勝利は次善の策である。最善の策が実れば、自軍の損害も皆無なうえ、相手国の戦力をまるまる味方にすることができるからである。

戦闘による「勝利」をさらに細かく区分すると、敵国とその友好国の関係を断ち切ることが最善で、野戦での勝利がこれに次ぎ、籠城《ろうじょう》戦の勝利はもっとも拙劣《せつれつ》な策といえる。

寛容でなければ本当の勝利は味わえない

戦争に限らず、争い事はおしなべて早期決着させるのが賢明である。この道理は現代社会にもあてはまる。**相手を徹底的に叩くのではなく、無傷で自分の陣営に取り込むのが最良のやり**

争うことなく屈服させるのが最善の勝利

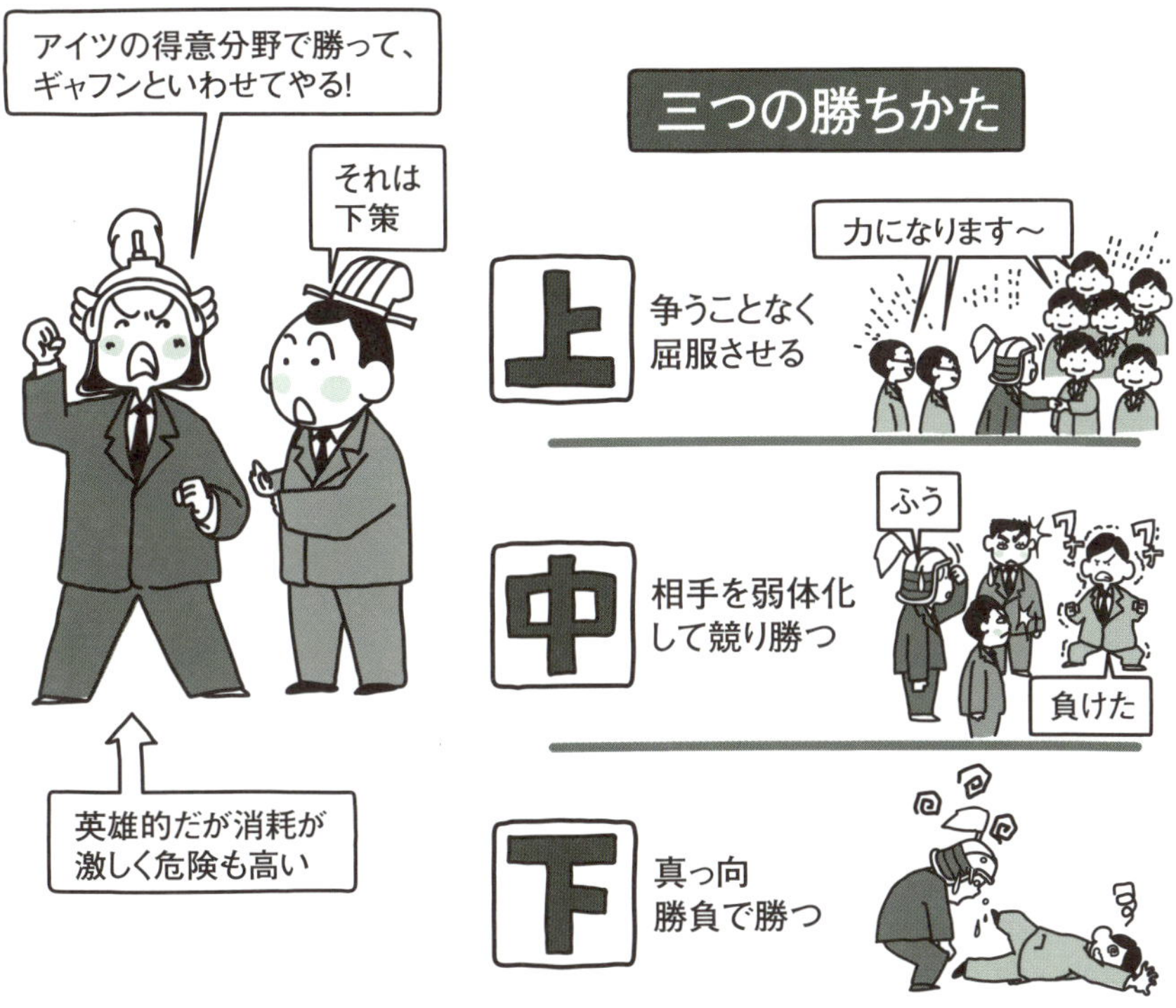

危険と消耗をなるべく避けることが戦略を見極めるポイント

かたで、**これならば力を一挙に倍増させることができる。**

次善の策としては、相手を弱体化させ、有利な態勢を築いたうえで話し合いを持ちかけるやりかたが挙げられる。不利を自覚している相手は譲歩せざるをえず、**相手が譲歩したら、こちらも寛容な態度でそれを受け入れ、円満な解決へと導くとよい。**そうすればしこりが残ることも少ないからだ。

いちばんの愚策は相手を力でねじ伏せるやりかたで、これでは勝利を得ても満身創《まんしんそう》痍《い》で、トータルの力はかえって衰える。これでは元も子もあるまい。

速戦即決

争う期間が長くなると不測の事態も起こってくる

用兵《ようへい》の害を知るを尽《つ》くさざる者は、則《すなわ》ち用兵の利を知るを尽くすこと能《あた》わざるなり

第二　作戦篇

現代語訳

軍の運用に伴う損害を知り尽くしていない者には、軍の運用がもたらす利益を知り尽くすことができない

戦争は長期化を避け、速戦即決を心がけなければならない。そもそも戦争では、軍の装備を整えるだけでも莫大な費用を要する。必要な人数を集め、戦車や武具・武器を用立て、兵糧《ひょうろう》や飼い葉も充分集めなければならない。それでいて、ようやく出征にこぎつけたところで対陣が長引けば、費用がさらにかさむだけでなく、将兵の疲弊も大変なものとなる。国庫事情についても同様で、場合によっては破綻の恐れさえある。

完全勝利は最初からあきらめよう

未練がましく長期戦を続ければ、不測の事態も起こりかねない。なんといっても気がかりなのは、それまで中立であった諸侯の動向である。疲弊しきった様子を見て、ここぞとばかり兵を挙げ、いつ攻め寄せてこないとも限らないのだ。そうなって

●泥試合を続けることの損害

A社とB社の
権利争いの裁判

長引くと…

- 費用がかかる
- 疲労困憊する
- 過失が取り沙汰されて
  会社のイメージダウン
- 内部情報が
  明るみに出る　など

⇨ 大損害

完全勝利を
求めなければ

- **競争** 多少拙くても目を
  つむり、勝てばよしとする
- **講和** 譲歩もありうる

**// 損害を増やさないために見極めることが大切 **

は、どんな智謀の士でも有効な対策を施すことはできず、大敗を喫するか、屈辱的な条件での講和を余儀なくされる。そんな醜態《しゅうたい》を避けるためにも、**長期戦は絶対に不可。戦うのであれば速戦即決に限るのである。**

ゆえに戦争に限らず、争い事に勝利するためであれば、**多少拙《つたな》いところがあっても目をつむり、迅速に切り上げるのが得策である。**負けてしまっては元も子もないのだから、勝ちかたは二の次とする。譲歩のしすぎと思われる講和でも、場合によっては早期に受諾するのが賢明という場合もあるのだ。

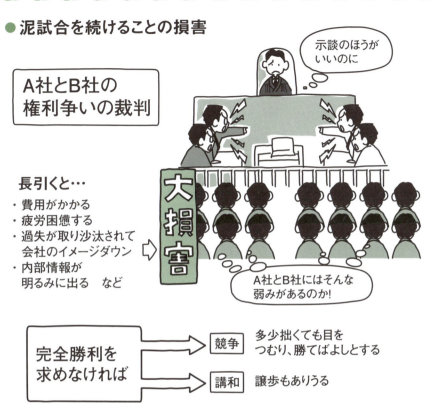

一気呵成《いっきかせい》

蓄積させた力を一気に解き放ち、爆発的な破壊力を生む

速戦即決が大事とはいえ、なんの下準備もなしに戦端を開くのは愚の骨頂である。**戦争には敵を分断する裏工作と勢いも大事で、これらは速戦即決を図る際の前提条件でもある。**

均衡を突き崩すための二つの条件

分断工作は敵が隊列を充分に整えるより前に行なうのが効果的で、目立った弱点をつくれなくとも、連携を鈍らせるだけでも充分である。先鋒《せんぽう》と後衛《こうえい》の連携、上官と兵の関係をぎくしゃくさせるだけでも、攻撃する側にはありがたいからである。

そして、いざ攻撃開始というときには、精一杯引き絞った大弓を放つがごとく、せき止めてためていた水を一気に押し流すがごとくに行なわなければならない。

川の水はふつうに流れているときは岩を撫《な》でるばかりだが、

卒《そつ》離れて集まらず、兵合《がっ》するも斉《ととの》わざら使《し》む

第十一　九地《きゅうち》篇

現代語訳
敵軍を分散させ、兵が集まったとしても態勢が整わないように仕向ける

善《よ》く戦う者は、其《そ》の勢《せい》は険《けん》にして、其の節《せつ》は短《たん》なり

第五　勢《せい》篇

現代語訳
戦略家は限界まで力をためておいて、一瞬でそれを解き放つ

防御のかたい相手を破る一気呵成戦術

力をためておいて勢いよく攻めれば均衡を突き崩せる!

奔流《ほんりゅう》となったときは岩をも砕く威力を発揮する。この力を利用しない手はない。兵の力もそれと同じで、勢いに任せて進撃させれば、常時の十倍にも及ぶ力を発揮する。

兵力が互角であっても、分断工作と勢いを借りた攻撃で一気に均衡を崩すことができる。それこそ一気呵成《いっきかせい》のなせる業である。それを成功させるためには速《すみ》やかな進軍と統制が行き届き、上下の心が一つになっていることと、敵軍の内部に乗じる隙のあることが前提条件でもある。隙がなければ、なんとしてでもつくらなければならない。

必勝の機会を見定めよ

味方と相手の状態だけではなく第三の要素にも注目

地を知り天を知らば、勝《かち》は乃《すなわ》ち全《まっと》うす

第十　地形篇

現代語訳
土地の状況と天界の運行に通じていれば、必ず勝利できる

勝敗は兵家の常とはいえ、実戦の場ではそんな悠長なことはいっていられない。敗北は多数の将兵の死傷と国土の喪失、さらには国力の減退に直結するからだ。

およそ軍を指揮する者は、自軍と敵軍双方の現状を正しく認識しておかなければならない。敵軍の弱点が見つかったところで、自軍の状態が万全でなければ必勝とはならない。**敵軍の状態は最悪で、自軍の状態が最善でも、天地の道理を充分に理解しておかなければ、必勝のタイミングはつかめない。**

その土地の土地柄を深く知ればチャンスが見えてくる

ゆえに指揮官は、**戦場のさまざまな条件を把握したうえで、敵軍の状態がよくなく、自軍の状態が最善のときを選んで戦いを仕掛ける。だからこそ、その判断に迷いはなく、戦闘中に窮**

●三つのことをきっかけとしてチャンスを呼び込む

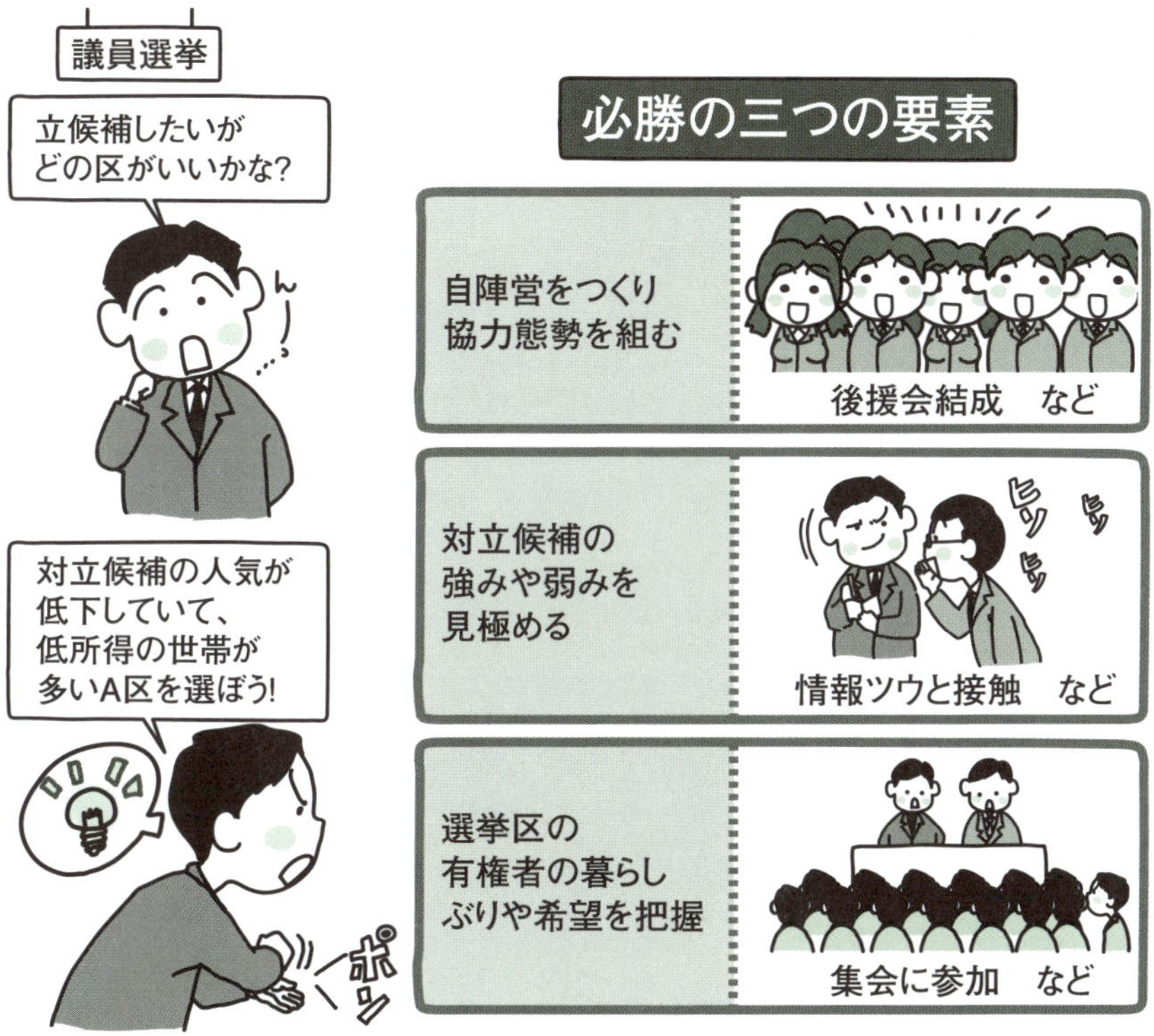
議員選挙
立候補したいが
どの区がいいかな？
ん…？
対立候補の人気が
低下していて、
低所得の世帯が
多いA区を選ぼう！
ポンッ
必勝の三つの要素
自陣営をつくり
協力態勢を組む
後援会結成　など
対立候補の
強みや弱みを
見極める
ヒソ
ヒソ
ヒソ
情報ツウと接触　など
選挙区の
有権者の暮らし
ぶりや希望を把握
集会に参加　など

アウェイでもその土地の特性を見極めて理に適った戦術をとる

地に陥ることもない。

自軍の状態が最善のときとは、兵士の訓練が行き届き、士気も高く、休養も取れている状態をいう。いっぽう、敵軍の最悪の状態とは、統制が緩んで士気も低く、訓練も疎《おろそ》かにしている状態のこと。それでも敵地での戦闘となれば地の利が敵にあるため、地理や気象を把握しておかないことには勝利は覚束《おぼつか》ない。

敵軍が陣を張るのは防御に適したところに決まっているが、万全ということはありえない。それこそが「天界の運行」、すなわち物事の道理であり、人としての限界でもあるのだ。

最初は処女のごとく、後には脱兎《だっと》のごとく

都合のよい状況に誘い込んだら一気に攻める

兵を為《な》すの事は、敵の意に順詳《じゅんしょう》するに在《あ》り

第十一　九地篇

現代語訳

戦争遂行のうえでの要点は、敵の意図に合わせて見せることにある

孫子は、敵を不利な状況に陥れる策を練るべきだと勧める。

気がついたときは遅すぎ！　油断させるが勝ち

一つの作戦として、開戦が避けられなくなったとき、国境の閉鎖や通行許可証の無効化などの措置で情報漏れを防いでおいて、先に討って出るという選択もある。不意を突かれ、敵軍の防衛線に間隙《かんげき》が生じたならば、そこから迅速に敵領内深く侵攻。戦略的要地に向かっているように見せかけるのである。

敵軍はそこを奪われないようにするため全速力で駆けつけるはず。先を急ぐあまり偵察も疎かになるから、隘路《あいろ》など進退の困難な地点で静かに敵の到来を待てばよい。そして敵主力がやって来たら急ぎこれを捕捉。激しく攻め立て一気に勝利をものにする。最初は処女のようにしおらしく、敵が罠《わな》にはまれば

相手の喜びそうなことを見極めて陽動作戦を展開

陽動作戦

本当の意図を悟られぬよう敵の注意を別のところに引きつけ、こちらに有利な行動をするように仕向ける

真意を隠し油断を誘う演技力が成功の秘訣

脱兎《だっと》のごとき素早さで襲いかかれば勝てるという戦略である。

孫子はこういうが、**ここで重要なのは相手がまんまと罠にはまってくれるかどうかだ。それには日頃の下工作が必要とされる**ことを忘れてはならない。相手を油断させるには、こちらは争いに消極的であるかのように装《よそ》わねばならず、相手がこちらを甘く見るようになるまでには相当な時間と労力、情報操作が必要となり、努力なしでは成功しないのである。**このような術策を陽動作戦という。応用すれば現代社会のさまざまな場面で使うことができる**だろう。

劣勢なときこそ頭を働かせよ

優位さを失なったら速やかに離脱しよう

小敵《しょうてき》の堅《けん》なるは、大敵《たいてき》の擒《とりこ》なり

第三　謀攻篇

現代語訳
小兵力にもかかわらず大敵に挑めば、捕虜になるのが落ちである

孫子はいう。戦場では、敵の十倍の兵数なら、包囲攻城戦をするも可。五倍であれば敵に真っ向勝負で襲い掛かる。二倍であれば敵軍を分断し、互角であれば死力を尽くして干戈《かんか》を交え、**敵軍より少なければ巧みに撤退し、兵力数でまったく及ばなければ、敵に見つからないよう心掛ける。兵力が少ないにもかかわらず頑《かたく》なに戦いを求めれば、捕虜になるのが落ちであると。**

逃げるのは恥かもしれないが、やけくそはもっと恥

およそ軍の指揮官は、敵軍と遭遇する前に自軍と敵軍の戦力を正確に把握し、客観的な分析を加えなくてはならない。右に記したのはその具体例だが、ここで特記すべきは、数のうえで劣勢ながら、敗北を回避する方策である。

これを解釈するに、**まったく勝算が立たなければ損害を最小**

●次の機会までつぶすようなアタックはしない

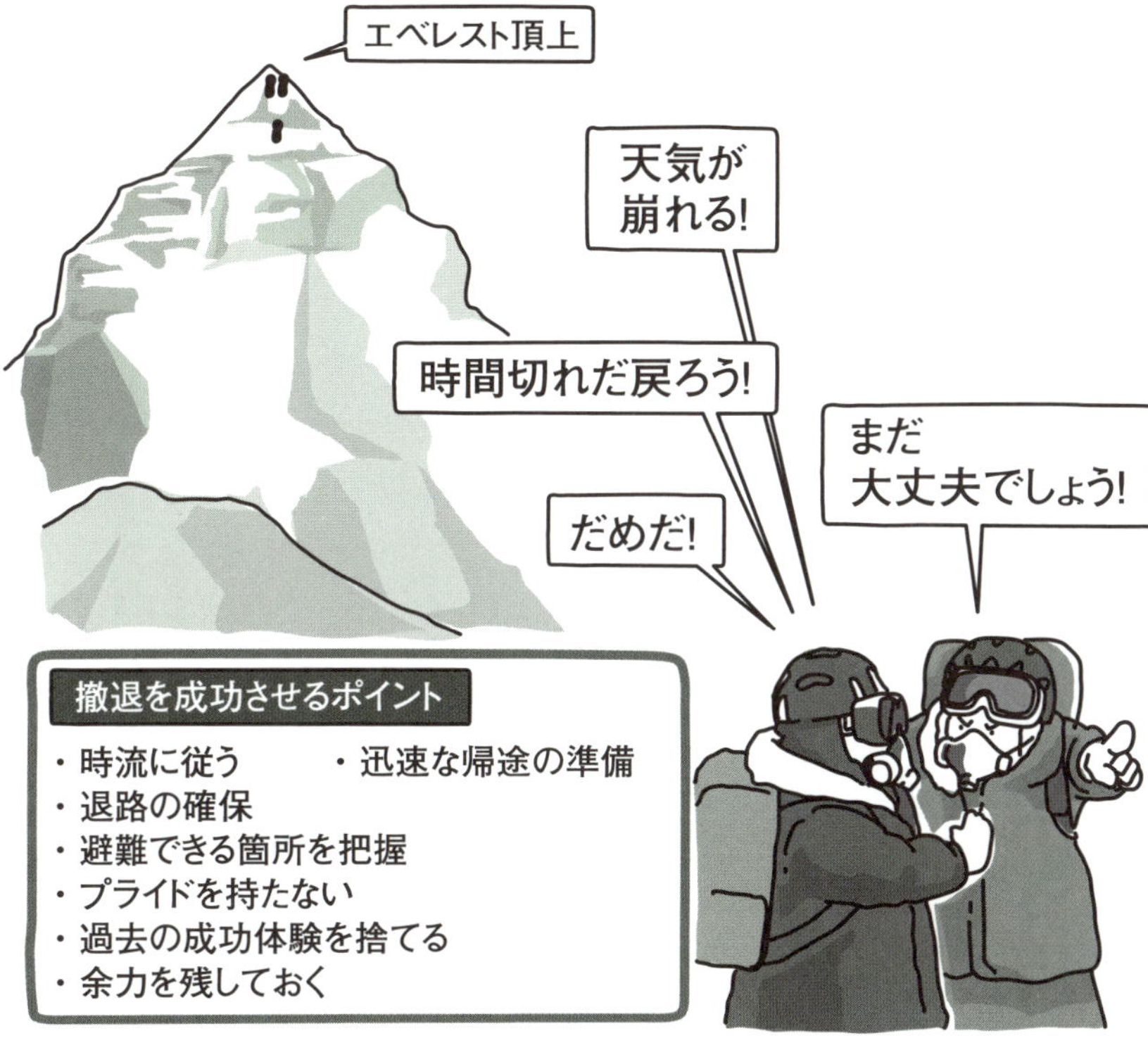
エベレスト頂上
天気が崩れる!
時間切れだ戻ろう!
まだ大丈夫でしょう!
だめだ!

撤退を成功させるポイント

・時流に従う
・迅速な帰途の準備
・退路の確保
・避難できる箇所を把握
・プライドを持たない
・過去の成功体験を捨てる
・余力を残しておく

// 攻め進むより無事に帰り着くことのほうが難しいと心せよ \\

限にとどめながら帰還を選択すべきで、敵軍に発見されないようにするのはもちろん、捕捉されるのを絶対避けねばならない。万が一見つかったら、後衛に時間稼ぎをさせておき、巧妙かつ速やかに敵の攻撃圏内から離脱する。あらかじめ退路の目星をつけておくのも、指揮官として当然の責務である。

　退却が間に合わなければ、せめて身を隠さなければならない。名を惜しむあまり玉砕を敢行するなどは稚拙の極み。**他日を期するためにも犬死は避けるべきで、命をこそ惜しむべき**ということである。

劣勢でも勝てる戦術

敵軍を分散させることで数的優位を築け

敵は衆《おお》しと雖《いえど》も、闘うこと毋《な》からしむ可《べ》きなり

第六　虚実《きょじつ》篇

現代語訳

敵の兵力がどんなに強大でも、（分散させれば）充分に戦えなくさせることができる

兵力が互角でも、そこが敵地なら敵に分《ぶ》がある。撤退するのが賢明だが、状況によっては撤退せず、戦いを続けてもよい。それは**自軍の数と位置が敵軍に知られていない場合である**。**この場合、各個撃破の戦術が有効である**。位置がわからなければ、敵は兵を分散させるに違いなく、仮に十の部隊に分けたとすれば、こちらは十倍の兵力で敵にあたれることになる。さらに、この戦術は、**全体兵数が敵より劣る場合でも、敵の一部隊を撃破できる兵力さえあれば使える**ので便利である。

ヒット・アンド・アウェイで相手を弱らせる

一部隊また一部隊と片づけていく。敵軍の連携が悪ければ、十の部隊すべてを撃破することも可能だろう。個々の戦闘では優位に立っているのだから、当然の結果である。

少人数でも劣勢を覆すゲリラ戦

ゲリラ戦術を使って大成功を収めた近代の戦略家

**// 巨大な相手に対しても知略と少数精鋭で形勢を逆転できる **

作戦を成功に導くには、上手に隠れながら戦う技術が必須となる。どこにいるのか、どこから攻めて来るかわからないとの不安が高じればこそ、敵軍もあえて兵を分散させるわけで、そこには必ず隙が生じる。

どの部隊がもっとも脆弱《ぜいじゃく》か、どことどこの連携が悪いか。攻め手は入念な偵察によりそれを見定めたうえで、もっとも適当と思われる部隊から撃破していく。こちらは結集した兵力で臨むのだから、いざ戦闘開始となれば、有利である。ただし、援軍が来ると厄介なので迅速な行動を第一とする。

常に使える勝利の法則など存在しない

自然界の法則を知らなければ勝ちかたがわからない

日《ひ》に短長《たんちょう》有り、月《つき》に死生《しせい》有り

第六　虚実篇

現代語訳
太陽には照らす時間に長短があり、月には満ち欠けの変化がある（永遠には続かない）

軍隊の形は水を手本とする。水は高いところから低いところへと流れる。これと同じように軍隊も敵の守りの強固なところは避け、手薄なところを強襲すれば勝利を得ることができる。水が地形に従って流れを決めるように、軍隊も敵の態勢によって攻撃地点を決めるのである。**軍隊のありかたはそのときの状況に応じて変化する**のである。

常に通用する勝利の法則はない

万物は木・火・土・金・水の五大要素（五行《ごぎょう》）からなり、木は土に勝ち、土は水に勝ち、水は火に勝ち、火は金に勝ち、金は木に勝つとされ、これを五行相剋《そうこく》説と称されるように、この世には常に勝つ要素は存在しない。

春夏秋冬の四季にも永遠に続くものはなく、日照時間にも長

●この世は常に変化をするしくみになっている

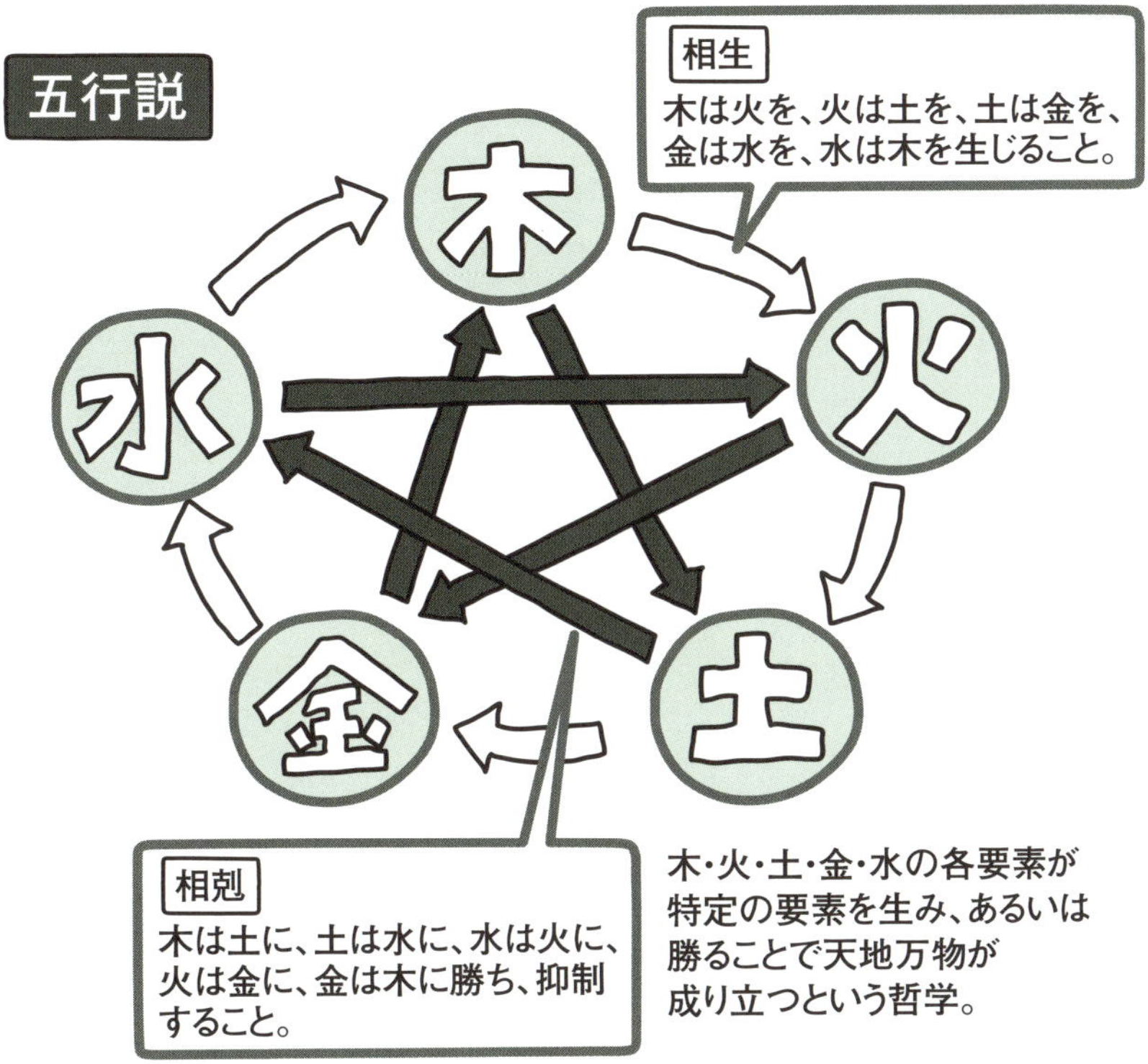
五行説
相生
木は火を、火は土を、土は金を、金は水を、水は木を生じること。
木
火
土
金
水
相剋
木は土に、土は水に、水は火に、火は金に、金は木に勝ち、抑制すること。
木・火・土・金・水の各要素が特定の要素を生み、あるいは勝ることで天地万物が成り立つという哲学。

// オールマイティはないのでどんなときも情勢の見極めが大切 \\

い時期と短い時期があり、月にも満ち欠けがある。軍のありかたもそれらといっしょで**常に一定であることはなく、一定であってはいけない**のである。

この道理がわからない指揮官はたまたま勝つことはあっても、大事な戦争では必ず負ける。戦争とは水ものであり、何から何まで同じものはなく、一戦一戦どこかが違っている。その現実を無視し、**前にこのやりかたで勝ったから今回も、というのは無為無策に等しく、全軍を死地に追いやることになりかねない。**戦うときは一瞬も思考をやめてはならないのである。

風林火山《ふうりんかざん》

状況に応じてなんでもできる者は有利でいられる

詐《さ》を以《もっ》て立ち、
利を以て動き、
分合《ぶんごう》を以て
変を為す

第七　軍争篇《ぐんそう》

現代語訳
敵を欺くことを基本としながら、利益に従って行動し、分散と集合を行なって臨機応変に対処する

勝利を得るためには、敵を欺《あざむ》きながら自軍を自由自在に変化させ、臨機応変《りんきおうへん》に対処する必要がある。

ときには風のように、ときには火のように

その自在ぶりを孫子は、**「疾風のように進撃したかと思えば、林のように静まり返って待機し、火が一気に燃え広がるように激しく攻め立てたかと思えば、山のように動かずにいて次の機会を待つ」**と表現し、およそ指揮官たる者は、こうした「風林火山」の戦術を駆使しなければならないという。戦国大名の武田信玄がこれを採用したことは有名である。

権謀を駆使することも必要で、敵軍を偽りの進路上に誘《おび》き出すには部隊を分け、占領地を拡大させるときにもやはり部隊を分け、要地の守りに兵を割かせる必要がある。このような戦術

●風林火山の戦術の応用

移り変わる状況の変化にその都度対応する!

を展開する際、**自軍の意図を敵に悟らせないようにするのが最前線の指揮官に与えられたもっとも難しい任務でもある。**

敵に攻撃目標を誤認させるのも有効な戦術である。敵が全軍をもって移動すれば万々歳で、軍を分け、いっぽうをそちらに向けたとしてもしめたものである。

敵軍があらぬ方向に気を取られている隙に自分たちは軍隊を再集結させ、できれば敵の本隊を、さもなければ敵の弱くなったところから叩く。敵軍が数で勝るときは、各個撃破が有効な戦術である。

勝つために押さえておく原則

五つの道理を考察し勝敗を見極める

善《ぜん》なる者は、道《ほう》を脩《おさ》めて法を保《たも》つ

第四　形篇《けい》

現代語訳

戦闘指揮に優れた者は、勝敗の道理を見極め、原則を忠実に守る

戦略家は五つの思考段階を経て、勝利を確実なものとする。それは、**戦場への距離を測る「度《たく》」**、**戦場で必要となる物資の量を推し量《お》る「量《りょう》」**、**戦場に動員すべき兵員数を割り出す「数《すう》」**、**敵との戦力差を推し量る「称《しょう》」**、**勝ちかたを連想する「勝《しょう》」**の五つからなる。常勝の指揮官はこれら五段階の思考を経て、勝利を確信してから戦に臨むのであって、それができない指揮官は必ず敗北する。

準備する際はこのポイントを押さえよう

「度」とは会戦予定地までの距離、要地と要地を結ぶ最短距離、迂回路を取った場合の距離などを事前に計測しておく作業をさし、それがわかれば補給物資の運搬にかかる日数とそれを牽引する牛馬の飼料を推測する「量」が可能となる。

●勝てる見込みを計る「五つの思考段階」

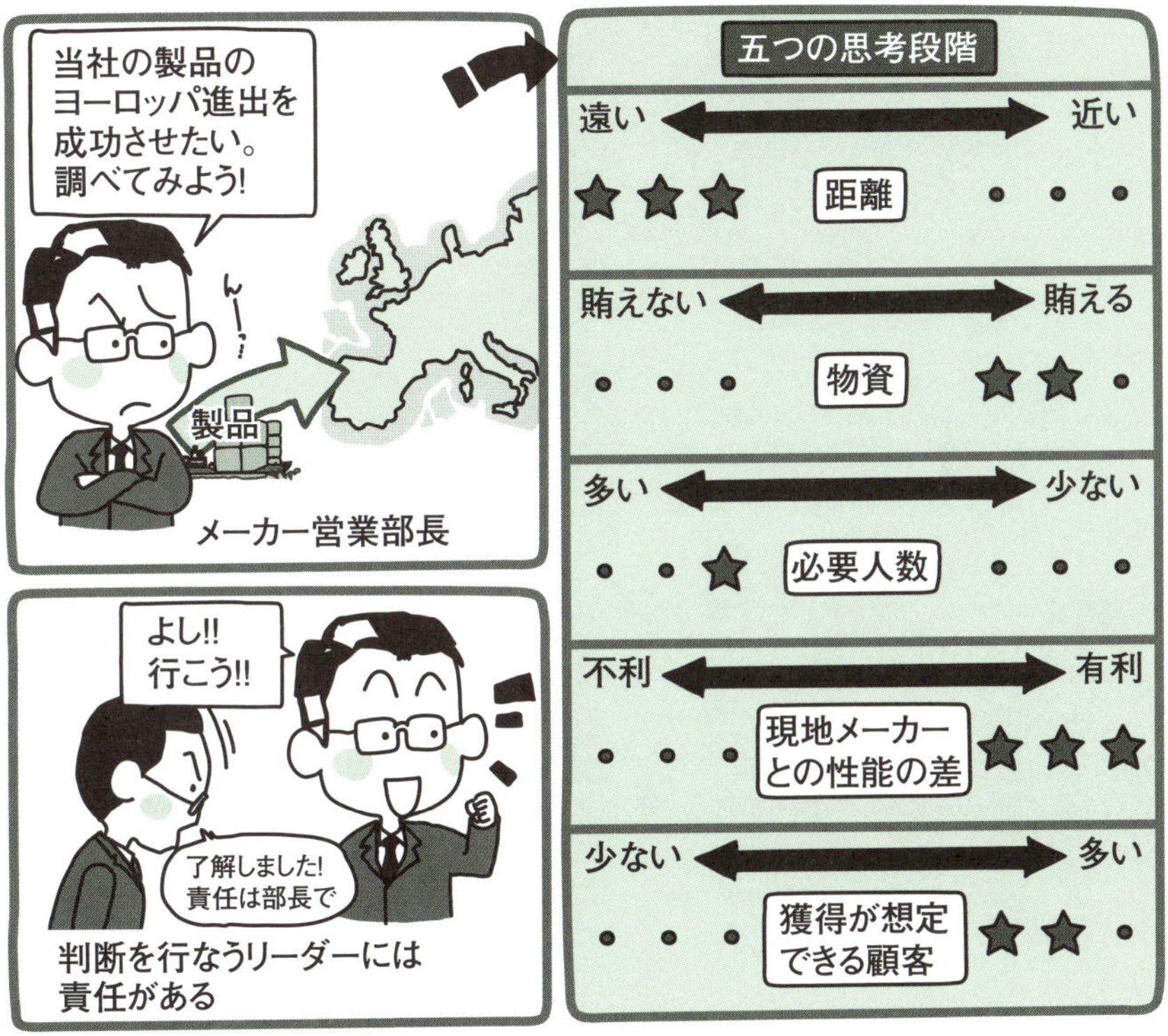

市場ニーズ、自他の実力をしっかり把握して分析

「度」と「量」が算出できれば、作戦可能な兵の数と日数を割り出せ、それがわかれば敵味方の戦力差を客観的に比較することが可能となり、戦いを有利に進める方策や勝利への道すじもおのずと決まってくる。

つまり、**リーダーには、個々の努力に頼るのではなく、右の五つの段階を通じてあらかじめ勝敗を見極める力が求められる。**不利な条件下でも挽回可能と見たら争いに踏み切り、そうでなければ争いを回避するか、味方の損害が最低限で済む方策を模《も》索《さく》する。それがリーダーの役目というわけである。

敗因は指揮官の過失にある

自ら敗北の道を進んでしまうことのないように

天の災《わざわ》いには非《あら》ずして、将《しょう》の過《あやま》ちなり

第十　地形篇

現代語訳

天の下した災厄ではなく、指揮官の過失である

孫子は敗北必死の六つのパターンを列挙している。それは、**四散しやすい軍隊、規律がだらけた軍隊、士気の落ち込んだ軍隊、崩壊しかかった軍隊、統制の混乱した軍隊、勝てる作戦がない必敗の軍隊である。**四散しやすい軍隊とは、数で大きく勝る敵軍に真っ向勝負を挑む軍隊のことで、大敗を喫して四散するのは避けられない。これらのパターンにはまって負けた場合、それは災いでなく指揮官の過失であると孫子はいう。

強気であればいいというものでもない

将軍や軍師など戦いを監督すべき指揮官が弱腰では規律がだらけ、逆に厳しすぎれば士気が落ち込み、どちらも敗北を避けられない。指揮官が下士官の独断専行を許すようでは勝利も覚束なく、指揮官の命令がしっかり末端まで届かない軍隊も同じ

●敗北を招いてしまう六つのパターン

つい陥ってしまう負けパターンを見つけたら対策を講じよ

運命をたどる。敵軍の実力を偵察することなく寡兵で大敵に挑む指揮官、不利な条件下で有利な条件下の敵に攻撃を仕掛ける指揮官、先鋒となるべき精鋭を持たない指揮官も敗北は必至である。

勝敗は時の運などといっていられるほど現実の戦場は甘くはなく、勝敗はなによりも指揮官の資質にかかっている。

強気でありすぎても弱気でありすぎてもダメ。匙《さじ》加減をよくわきまえ、飴《あめ》と鞭《むち》をうまく使い分けられる者だけが常勝のリーダーとなれる。それが孫子の教えである。

コラム

『孫子』のあゆみ その3

孫臏とその時代

春秋戦国時代を春秋と戦国の二つに分けるときは、現在の山西省を版図とした晋《しん》の国が魏《ぎ》・韓《かん》・趙《ちょう》の三国に分裂したことをもって画期とする。

その後、戦国時代の中頃以降、西方の秦《しん》と東方の斉《せい》が力をつけ、それぞれの王が西帝・東帝と称した時期さえある。俗に戦国七雄と称された七大国のなかで、天下統一をなすとすれば、この東西二大国のどちらかに違いないとまで考えられていたわけだが、その頃の戦争は春秋時代のものとは様変わりしていた。騎兵の実戦投入に加え、攻城戦や長期持久戦が多く見られるようになったのである。新しい戦争形態であることから、これまたなんらかの手引書が必要とされた。そんな時代の要求に応えるべくあらわれたのが孫臏《そんぴん》で、彼もまた兵法書を著わしており、これを孫武《そんぶ》のもの（「呉《ご》孫子兵法」）と区別して「斉孫子兵法」と呼ぶ。

騎馬戦術を本格導入したのは趙の国が最初だが、その効果を見て、ほかの六国もすぐさま追随した。当初は偵察や伝令、正面突撃に利用するのみであったが、騎兵が戦車に完全に取って代わるにともない、より有効な使用法が模索されるようになった。

多くの兵法家が知恵を絞ったであろうが、そのなかで大きく抜きんでたのが斉の軍師孫臏であった。

鋭い洞察力を持つ孫臏であればこそ、その探求心は攻城戦や長期持久戦にも深く及んでいったのだった。

戦国時代の七雄（前403～前221年）

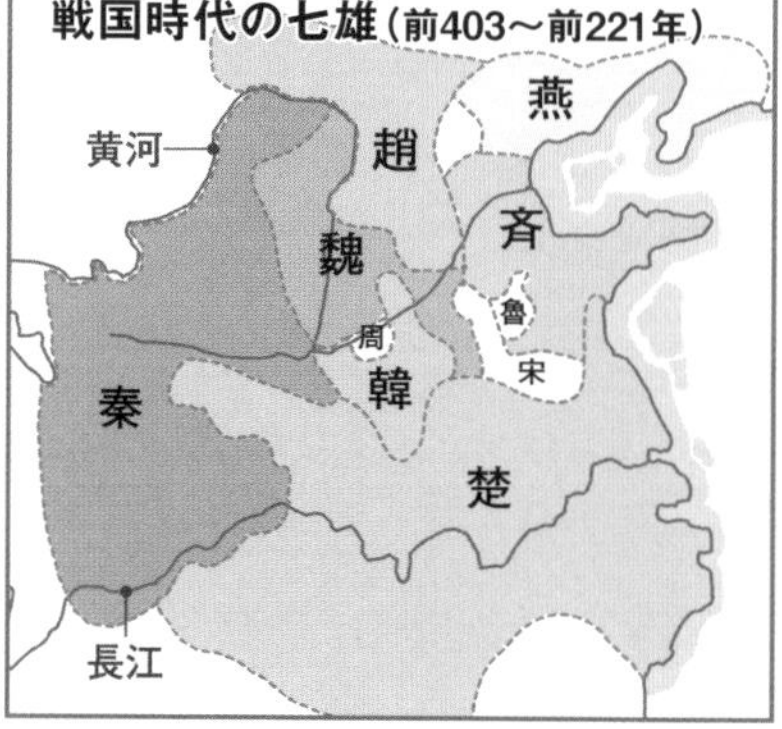

第4章

現場の最前線で

君命より国家の利益を第一に

現場では指示待ちよりも臨機応変な自己判断を

進みて名《な》を求めず、退きて罪《つみ》を避けず

第十　地形篇

現代語訳
名誉のために戦わず、退却したら責任を取る

戦争に際して指揮官は、敵軍の実情を第一、地形を第二として作戦を考案しなければならない。こうしたやりかたを熟知している者は必ず勝ち、そうでない者は必ず敗れる。

たった一人の臆病や名誉心で大損害が生じることも

臣下が君命に従うのは当然のことだが、出征中の指揮官はその限りではない。**現場を見たうえでの勝算のあるなしで、君命に背《そむ》いても構わない**。戦場のはるか後方にいる君主には現場の状況が伝わるまでに時間差があり、現場の状況は刻一刻と変化している。当人の資質はもとより、実戦経験のない君主には的確な判断が下せるはずもない。ゆえに前線の指揮を託された指揮官は君命よりも自分の判断を優先すべきなのである。

君命に背いて開戦に踏み切るのは自身の功名心のためではな

大きな利益のための献身的な行動

現場では大きな責任感をもち自分の判断で行動する

く、**君命に背いて撤退するのも自分の命を惜しんでのことではない。国家と君主の利益を第一と考えるためである。**誰が見ても明らかな勝機を逸するのは士気の低下に、兵を無駄死にさせるのは人心の離反につながり、どちらも国家と君主の利益を大いに損なう。

　それを回避するため、指揮官は一切の責任を自分一人で負う覚悟をすべきなのである。

　要するに、**自分の管轄外でも悪事や危険を見すごさず、現場の判断で適宜行動せよ**ということで、戦争に限らず現代社会で応用できる考えかたである。

心を整えよ

現場で警戒しなければならない五つの心

将に五危《ごき》有り

第八　九変篇《きゅうへん》

現代語訳
将軍には五つの危険がつきまとう

指揮官には前線に出るとき、五つの危機がつきまとう。**蛮勇だけでは殺され、生き延びることだけ考えて臆病になれば捕虜にされ、短気であれば計略にはめられ、名誉を重んじすぎても同じ目にあい、情けが深すぎると神経を病む。**

以上五つの危機はどれ一つを取っても全軍に脅威を与えるものであり、軍隊の壊滅や指揮官の敗死の原因は必ずこのなかのどれかである。何事もバランスが大事。バランスを失えば必ず齟齬《そご》が生じ、失敗につながるというのが孫子の教えである。

頭のなかに常に天秤を思い描いて感情を制御する

いい換えれば、**現場の最前線に立つ者は矛盾する性格を兼ね備えていなければならない。**決死の覚悟と深慮遠謀《しんりょえんぼう》、忍耐と引き際の見極め、闘争心と沈着冷静な判断力、無私の心と狡賢《ずるがしこ》さ、

五つの心とバランスの取りかた

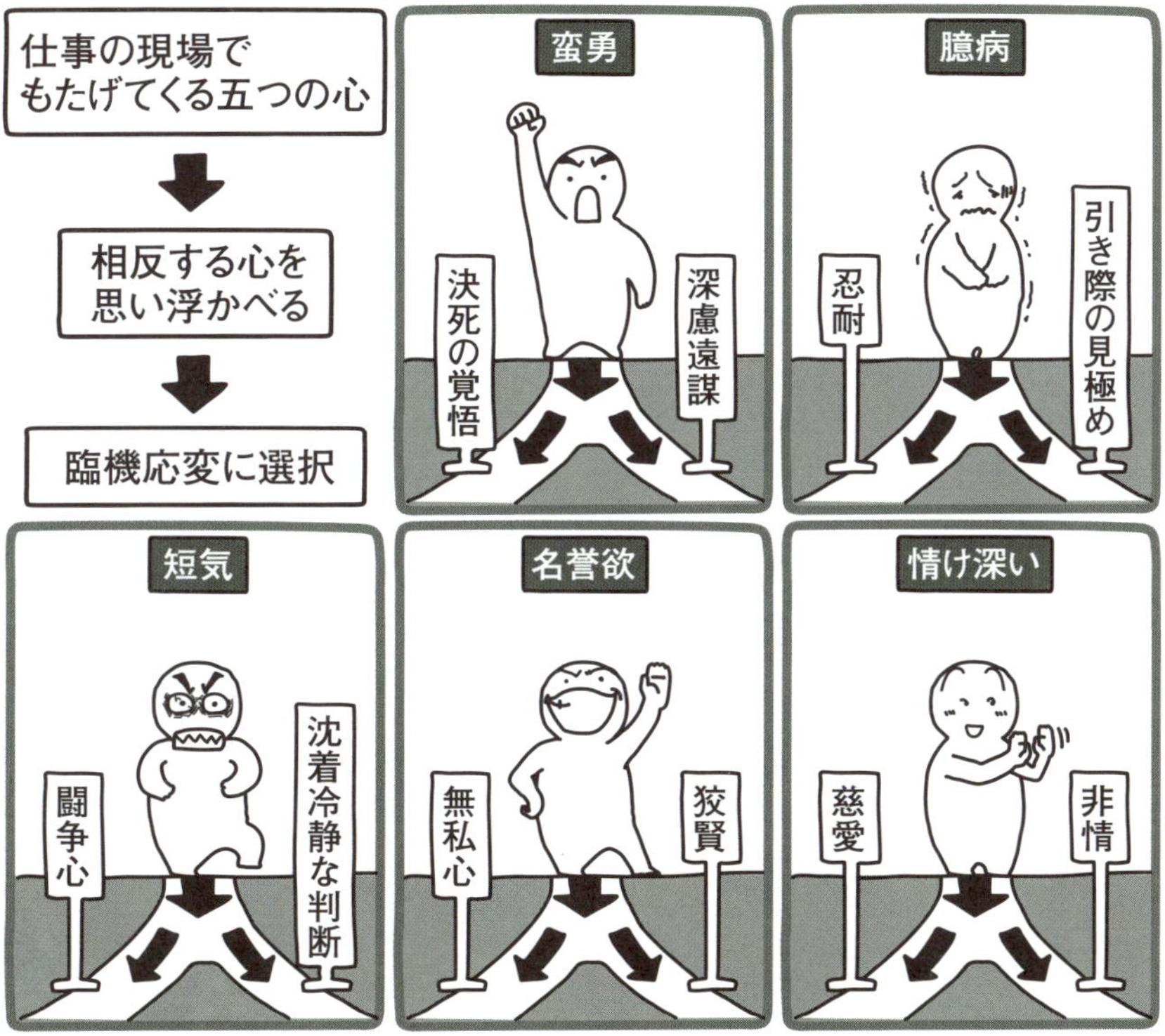

性格に流されるのでなくさまざまな判断で行動を調和させる

慈愛の心と非情さがそれで、これら相反する性格を調和させるとともに、臨機応変《りんきおうへん》に対処できなければ、規律を保つことも戦いに勝利することもできない。名を惜しむあまり辱《はずかし》めに耐え切れず、敵の挑発にまんまと乗せられるのは愚の極みで、頭に血が昇った状態で出陣してもあっけなく討ち死にするのが落ちである。躊躇《ためら》うばかりでなかなか決断をできない者も戦機を逸して敗北を免れない。

人の上に立つ者は常に頭のなかに天秤を思い描き、どちらに重きを置くべきか見極める能力が求められる。

なるべく現地調達せよ

味方の後方支援ばかりに頼っていると大きな心配を抱え込むことに

智将は務《つと》めて敵に食《は》む

第二　作戦篇

現代語訳
知恵ある将軍はできるだけ現地調達で済ませる

いつの時代の戦争も補給は悩ましい問題で、孫子の時代も、兵や馬の水、兵糧《ひょうろう》、飼い葉、武器・武具などが必要だった。**これらをすべて本国から運ぶのでは人手も時間もかかる。敵の遊撃部隊や野盗に襲われる危険も考慮に入れれば、護衛にも多数の兵を割かねばならず、効率の悪いことこの上なかった。**

本国からの輸送には、これ以外にも問題がある。前線への補給が最優先となれば、**本国では物資が不足し、物価が高騰する。**物資の価格が高くなれば国庫への影響も大で、長期戦ともなれば国庫が枯渇する恐れもある。そのツケは徴税の強化として民衆にまわされ、全国人民の困窮化が避けられなくなる。

賢い補給で身軽に動け

このような**悪循環を回避する手段として、孫子は現地調達の**

●自動車メーカーの海外進出と現地調達

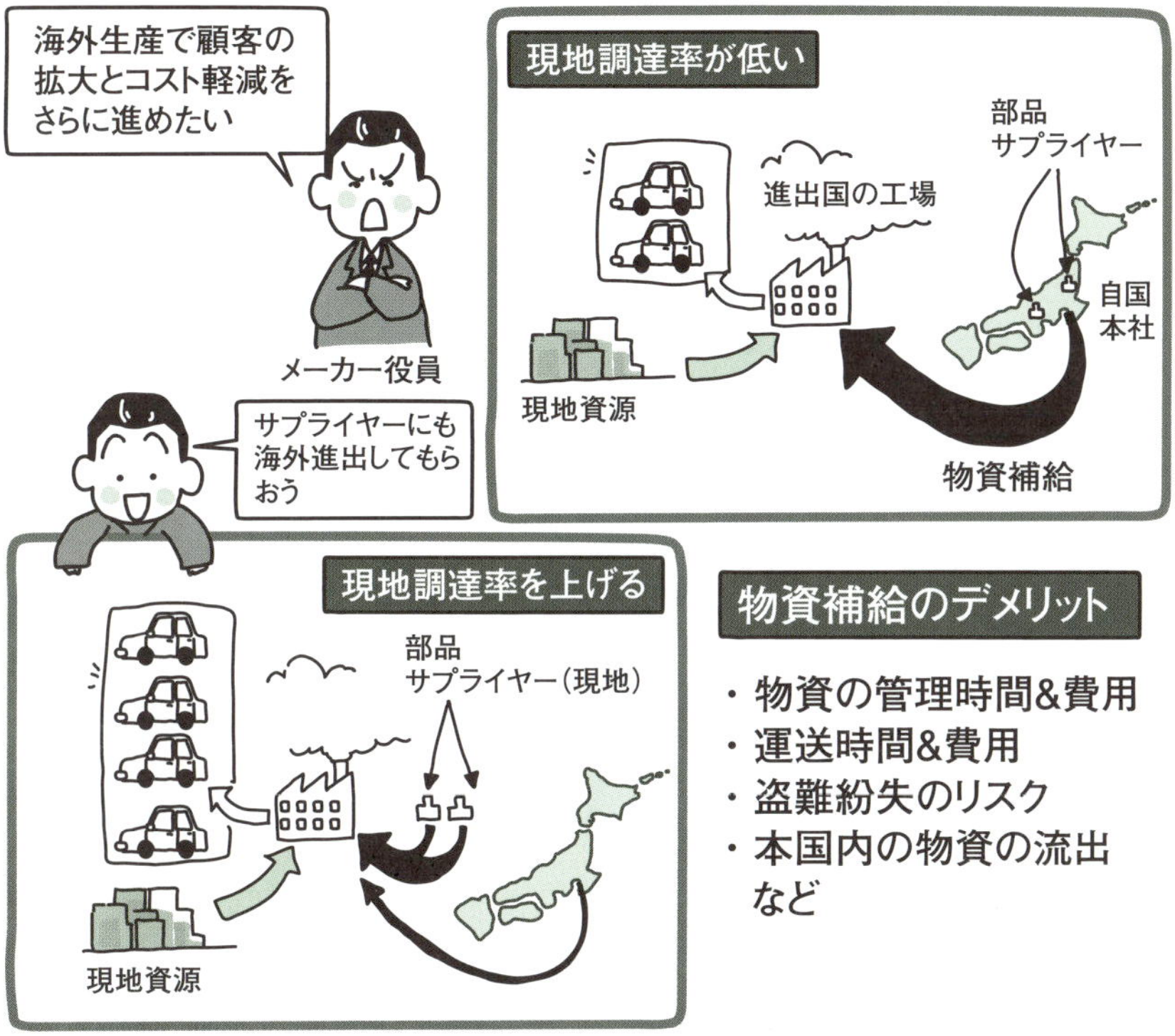

なるべく現地調達を実現すれば競争力が向上する

原則を打ち出した。戦費は本国で調達するが、物資の購入は占領地で行なう。敵が倉庫や田畑を焼き払う焦土戦術に出ればお手上げだが、幸いにして孫子の時代にはそこまで非情な手段をとる者はなく、不作でもないかぎり占領地での現地調達が可能だった。

ただし、現地調達はいつの世、どの場所でも有効なわけではない。先の大戦で日本軍が実行したインパール作戦はそのよい例で、補給を無視した作戦計画が強行されることになった。現地調達の限界も重要なこととして覚えておかねばならない。

恩賞は気前よく速《すみ》やかに

一人の喜びがみんなの喜びとなるように

敵に勝ちて強《きょう》を益《ま》す

第二 作戦篇

現代語訳
敵に勝つたびに、自軍の戦力が増していく

平素の訓練の場と実戦の場では状況が異なる。訓練の場では衣食住が保証されているが、戦場はそうではない。兵糧や飼い葉はなるべく現地調達するに限る。その際、敵の貯蔵庫から強奪することもあるが、これには一定の秩序が必要である。

物資の略奪は物欲のなせる業。好きなだけやらせたのでは奪い合いから、味方同士で争いが起きかねず、それを回避するために、あらかじめルールを定めておく必要があるのである。

活躍できる者をどんどん増殖させる賞与の効果

孫子はその一例として、戦車十台以上を捕獲したときには、そのすべてを最初に捕獲した者の功績とし、すぐさま旗印を自軍のものと取り返させたうえで、賞与を受けた者のいる部隊に配属させる。さらにその部隊の兵全員に特別の飲食を提供して

恩賞を活用すれば戦力の底上げにつながる

味方の手柄は、奪い合いや没収はせず、全体の戦力向上につなげる

労《ねぎら》うという案を提示している。このようにすれば、戦勝を重ねるたびに自軍の戦力も増していくという算段である。

反対に指揮官がやってはいけないのは、略奪品の独り占めである。功績のある者に賞与するにしても、雀の涙ほどのものでは、全軍の士気が低下する。

恩賞の下賜《かし》を帰還後に先延ばしするのもよくない。前の軍功がどれくらいの恩賞に値するかわからなくては、やはり士気の低下が避けられないからだ。

部下が活躍したら、リーダーは早めに賞与を支給し、全体の士気向上につなげるとよいのだ。

敵を思いのままに動かせ

主導権を握っていれば有利な展開にもち込める

善《よ》く戦う者は、人を致《いた》すも人に致されず

第六　虚実篇《きょじつへん》

現代語訳
巧みに戦う者は、相手を思うがままに動かし、自分は相手の思うがままには動かされない

兵力は互角でも、指揮官の采配により優位に立つことができる。たとえば、先に戦場に到達して待ち受ける軍隊は有利だが、後から着てすぐさま戦うはめになる軍隊は疲れ切っていて不利である。したがって戦略家はどんな策を弄《ろう》してでも、自軍が戦場予定地や戦略上の要地に先着できるよう努めるのである。

攻めも守りも相手の状況がわかっていれば先回りできる

敵軍を都合のいい場所に誘《おび》き出すには、利益誘導をすればよい。敵軍に来てほしくないときは、その場所にかんする悪い材料ばかりを耳目に入れさせればよい。

敵軍が腰を落ち着け、英気を養っているときには、陽動作戦をしかけてあちこち引きずりまわすことで疲れさせればよい。

たとえ千里の彼方《かなた》に遠征をしても、敵の警戒網に引っかから

●ボクシング選手が主導権を握るテクニック

// 争いを有利に進めるには主導権を握るテクニックを磨け \\

なければ危険な目にあわないで済む。敵の守備が手薄なところを攻撃すれば、やすやすと占領することができる。要害を選んで守備につけば、敵は警戒して、そう簡単には攻撃をしかけてくることはない。

この孫子の洞察は重要である。**巧みな攻めを行なえば、相手はどう守ればよいのかわからず、巧みに守れば、相手はどう攻めてよいのかわからなくなる。**相手をそのような状態に陥れるためには、**常に相手の状況とその先を読んで主導権を握り、勝敗を制する主宰者となるべき**なのである。

憂いを利点に変えよ

相手の有利を利用することもできる

迂《う》を以《もっ》て
直《ちょく》と為《な》し、
患《うれ》いを以て
利と為せばなり

第七　軍争篇《ぐんそうへん》

現代語訳
遠回りを近道に変え、憂い事を利点に逆転させる

『孫子』には「軍争」という言葉が出てくる。戦場に敵より先に到着し、有利な態勢で戦闘に入ることを競う行為を意味するもので、これは、当時の戦争が原則として視界の開けた原野で行なわれていたことをもあらわしている。約定を交わさずとも、おのずと主力同士の激突する場所が限られていたのである。とはいえ、そこにも多少なりとも高低差があり、どちらが有利な地形に陣取るかは勝敗の大きな分かれ目であった。

攻めさせておいて相手の態勢の変わるのを待つ

想定される戦場に近いほうの軍が有利である。それでは遠いほうの軍はどうすればよいか。その対策として孫子が掲げたのが、**「迂を以て直と為す」迂直の計**だった。

これは極めて難しく、大博打《おおばくち》とも呼べる作戦だった。本来の

不利な態勢からでも勝つことはできる

不利なときは真っ向勝負せず、タイミングを見計らって逆転せよ

目的地とはまったく異なる要地に向かうと見せかけ、敵の進軍路を転換させる。それを確認したところで**自軍を本来の目標へと転身させる。それを知った敵軍は慌てて軍を再転身させ、戦場へ急ぐだろうから、そこを待ち伏せて殲滅《せんめつ》する**という作戦だった。

その内容は難度が高く、しかも敵の目を欺《あざむ》くために相当数の味方にも犠牲になってもらわねばならない。**失敗すれば、いたずらに兵を失うだけで、世の笑いものになるのは必定。それだけによほどの技術がないと実行に移せない作戦でもあった。**

無形こそ最強の陣形なり

勝利の方程式は一つではない、同じ策は繰り返さない

其《そ》の戦い勝つや
復《くりかえ》さずして、
形に無窮《むきゅう》に応ず

第六　虚実篇

現代語訳
勝利の形に一つとして同じものはなく、
敵の態勢によって対処は異なる

孫子のいう「形」とは態勢のこと。作戦の意図を可視化した動向がそれにあたる。そのうえで彼は、**無形こそ最強の陣形と主張している。形を整えるのは作戦行動に入る直前でよい**と。

読めない相手と争うことほど恐いことはない

敵の密偵が潜入しても、**無形であれば作戦の意図も具体的な行動も予測することができない**。潜入者がよほどの切れ者でも、無形であればやはり何も得ることはできず、敵軍としてはどう対処してよいか迷ってしまう。攻撃するとしたらどこを重点的に攻めればよいのか、守備に徹するとすればどこをどのように手厚くしたらよいのか……。

内部に潜入した者でもわからないのだから、外から偵察する者はなおのこと、形を見極めることができない。その結果、勝

先を読まれそうな姿を相手に見せてはならない

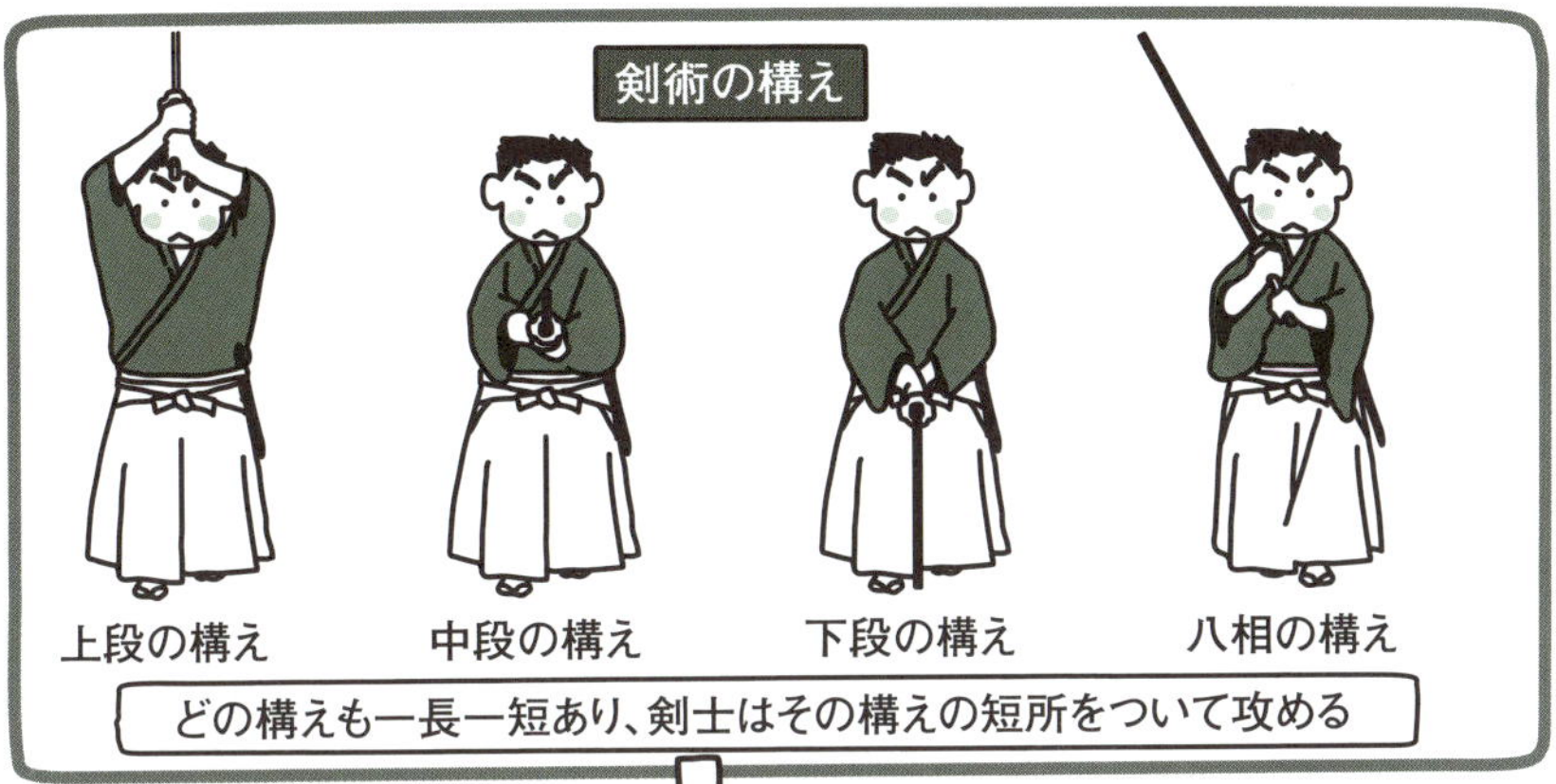
剣術の構え
上段の構え
中段の構え
下段の構え
八相の構え
どの構えも一長一短あり、剣士はその構えの短所をついて攻める

そこで

構え有りて構え無し

『五輪の書』より

江戸時代の剣豪・
宮本武蔵

構えながらも構えにとらわれず、
状況の変化に応じて構えを変えてもよい。
要は、相手を斬ればいいのだ。

相手に戦いかたを悟らせないために、形にはこだわるな

敗が決した時点の形は認識できても、それに至る経緯を推し量ることはできない。事前にどんな布石《ふせき》がなされ、どのような作戦が実施されたかはもちろん、敗因がどこにあったかも。

しかし、**何度も同じ方法をとれば、いずれは悟られる。それを回避するためにも、同じ形を何度も繰り返してはならない。**相手にわからせてよいのは、自分たちが敗北を喫したことだけ。それ以外のことは何一つ知らせる必要もなければ、知られないほうが都合がよい。人間はわからないことに対し、より恐怖を抱く生き物であるから。

現場では九変を心得るべし

避けられる危険は避けて、できるだけ無駄も省く

将《しょう》にして九変《きゅうへん》の利に通ぜざる者は、地形を知ると雖《いえど》も、地の利を得《う》ること能《あた》わず

第八　九変篇

現代語訳
将軍でありながら九つの変化に通暁していなければ、地の利をいかすことができない

孫子は軍隊の運用について九つの対処法を説いている。

現場にはさまざまな危険や利益が見え隠れしている

進軍にあたり、足場の悪いところには宿営せず、交通の要衝《ようしょう》では近隣の諸侯と親交を結び、敵領内深くには長く留まらず、出入り口がいっぽうにしかない土地ではいつでも脱出できるよう心掛け、四方を敵に囲まれたら死に物狂いで戦えと。

それというのも、足場の悪い土地では敵襲を受けてもろくな応戦ができない。交通の要衝から伸びる街道は近隣諸国にそれぞれ通じ、外交で敵国を孤立させるに絶好の条件となる。敵のほうが詳しい敵領内では危険を避けて長居せず、いっぽうにしか出入り口のない土地では、その両端を死守していれば、最悪の事態は避けられる。完全包囲されたらもはや策はなく、味方

●さまざまな場所とその場所での対処法

九変を知れば慣れない土地でも安全にその土地からの利益が得られる

の蛮勇に期待するしかないということをあらわしている。

以上の五つに加え、**道には絶対に利用してはならないところ、敵軍のなかには絶対に攻撃をしかけてはならない部隊、城には攻略をしてはならないところ、土地には絶対に争奪してはならないところがある。**

こちらは、前後の軍が分断されかねない難所の通過は回避せよ。士気が高い部隊とは正攻法でなく策を使え。戦略的価値のない城を攻略する必要はない。水も食糧も得られない不毛な土地は占領する価値はないということをあらわしている。

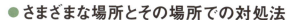

隠し事を見破れ

いろいろな兆候から相手の意図や実情を探り出す

鳥《とり》の起《た》つ者は、伏《ふく》なり

第九　行軍篇《こうぐんへん》

現代語訳
草むらから鳥が飛び立つのは、伏兵が存在している証拠かもしれない

孫子は戦場で起こる注意すべき異変について述べている。

現場ではどんな小さなことでも異変を見逃すな

敵軍が森林のなかを進撃して来るときは、多数の木立が揺れてざわめく。伏兵がいるかのように見せかけるときは、あちこちに草を被《かぶ》せて覆《おお》いをつくる。本当に伏兵を散開させていると、草むらから鳥が飛び立つ。奇襲を仕掛けようと森林に潜んでいると、獣が驚いて走り出すからだ。

戦車部隊が突撃して来るときは、砂塵《さじん》が高く舞い上がる。歩兵部隊が進撃して来るときは、砂塵が低く垂れこめて一面に広がる。雑役兵が薪《まき》を集めているときは、砂塵があちこちに分散する。軍営を張る作業をしているときは、砂塵の量が少ないのに人の往来が激しくなる。

異変に目を向けて相手の隠し事を見破る

戦場(森林)の異変

・多くの木が揺れる ⇒ 敵軍の進撃
・草むらから鳥 ⇒ 伏兵の存在
・獣が走り出す ⇒ 敵軍の奇襲
など

敵の様子の異変

・窮迫していないのに休戦を求めて来る ⇒ 謀略を企てている
・使者が低姿勢なのに軍が戦闘準備をしている ⇒ 進撃して来る
・使者が強気で軍も攻撃態勢を取っている ⇒ 退却の意図　など

各種の異変から敵の狙いを察知すれば慎重に戦える

取引先とのビジネス交渉に応用

・支払い方法の見直しを求めて来る ⇒ 倒産する
・担当者がコロコロ変わる ⇒ 社内が乱れている
・態度が急に丁寧になる ⇒ 大きな方針転換
など

**// 交渉相手のわずかな異変を見逃してはならない **

敵の使者の口上《こうじょう》がへり下りながら、軍の守りが強化されているのは、進撃の準備をしているからである。口上が強気で軍が攻撃の構えを見せるのは、撤退の準備をしているのである。

　相手を油断させたいときには、窮迫した状況でもないのに和睦《わぼく》を懇願《こんがん》して来る。会戦を決意したときには、伝令が慌ただしく走りまわり、各部隊を整列させている。こちらを誘い出したいときには、中途半端な攻撃を仕掛けてくる。

　勝つためには各種の兆候から、ライバルの意図や実情を探り出す能力が求められる。

兵の健康に留意せよ

病気になれば本来の力を発揮できないまま負ける

陽《よう》を貴《とうと》びて陰《いん》を賤《いや》しみ、生《せい》を養《やしな》いて実《じつ》に処《お》る

第九　行軍篇

現代語訳
日陰のじめじめした場所を避け、日あたりのよい場所で豊かな水や緑に囲まれて養生する

軍隊の駐屯地《ちゅうとんち》としては低地を避けて高地を選び、**日あたりのよい南に面した場所を最上とし、日陰になる北に面した場所を最悪とする。**兵の衛生状態に気を配りながら、水や草の豊かな地域を占有するのである。これを「必勝の駐屯法」という。

陽気と水は勝利の助け。汚染されていないものを選ぶ

もっとも警戒すべきは疫病の蔓延《まんえん》である。**慣れない土地、水の合わない土地ではただでさえ健康の維持が難しい。**過酷な行軍で体力が失われていれば、なおさら体調を崩しやすい。それでは敵襲を受けても、ろくろく迎撃もできないから、兵の健康管理には平素からよくよく気を配る必要があるのである。

丘陵や堤防では日向の側に陣取り、それらが右後方に来るようにする。それこそが地形をいかす最善の布陣であり、軍事上

健康を維持して戦力の低下を防ぐ

スポーツチームの
海外遠征
オー！
陽を尊ぶ
・夜はぐっすり睡眠
・日にあたり心身をリフレッシュ　など
衛生管理
CLEAN
・安全な水を充分確保し
水あたりや脱水症を防止
・水道水の使用制限
（食材や包丁などをミネラル
ウォーターで洗う　など）
・生ものの摂取を控えて食中毒防止
など
地の利を活用
・近所の日あたりのよい場所を散歩
・現地の新鮮で安全な食べ物の摂取
など

体調を管理し健康を維持しなければ力を発揮できない

の利益に直結するのである。

　駐屯地選びを軽視すれば必ず痛い目にあう。日のあたらない場所は湿り気が多く、それだけでも兵の健康に悪影響を与える。そんな場所で手に入る水も良質なはずはなく、たとえ沸騰させたとしても、日あたりのよい場所の水質とは雲泥《うんでい》の差がある。ただでさえ他郷《たきょう》の水は身体に合わないというのに、水質が絶対的に悪ければなおさらである。**下痢や腹痛が続き、倦怠《けんたい》感も取れないとあっては身体に力が入るわけもなく、健康時であれば難なく勝てる相手にも不覚を取ることになりかねない。**

コラム

『孫子』のあゆみ その4

『孫子』の編者は曹操か？

現存する『孫子』は十三篇からなるが、これは呉《ご》王闔閭《こうりょ》の読んだものと同一なのだろうか。後漢《ごかん》時代の歴史書『漢書』には、「呉孫子兵法」が八十二巻・図九巻からなると記されており、この記述が正しければ、闔閭が読んだのがたまたま十三篇で、『孫子』が現在の形になったのは後世の可能性が出てくる。

じつは、三国志で有名な魏《ぎ》王曹操《そうそう》が『孫子』を編纂《へんさん》した説が注目されている。歴史書『三国志』のなかに「孫武の兵法十三篇に注《ちゅう》した」と記されているからである。ただし、「注した」とあるだけだから、すでにあった『孫子』十三篇に注を加えただけであって、『孫子』十三篇はすでに存在していたこともあり得る。いっぽう、本文を簡潔にして自分なりの解釈を書き加えたと解釈するなら、曹操こそが現存する『孫子』の編者となる。どちらが真実か。結論は122ページにて。

●『孫子』十三篇に記された概要

篇名		内容
第一	計篇	戦争を決断する前に考えることについて
第二	作戦篇	戦争の準備計画について
第三	謀攻篇	戦闘をせずに勝利を収める手段について
第四	形篇	攻守それぞれの態勢について
第五	勢篇	形篇の続篇。軍隊の勢いについて
第六	虚実篇	いかに主導権を握るかについて
第七	軍争篇	敵の機先をいかに制するかについて
第八	九変篇	臨機応変に戦うための九つの手段について
第九	行軍篇	進軍するうえでの注意事項について
第十	地形篇	地形に応じた戦いかたについて
第十一	九地篇	九種の地形とそれに応じた対処法について
第十二	用間篇	スパイの活用法について
第十三	火攻篇	火計の行ないかたについて

第5章

必勝の策を執る

地形を分析せよ

リーダーは九種類の地形を心得えていなければならない

地形とは、兵の助けなり

第十一　九地《きゅうち》篇

現代語訳

戦闘現場の土地の形状は、軍事の補助要因である

孫子はいう。**地形は軍事の補助要因であり、軍を用いるに際しては、散地《さんち》、軽地《けいち》、重地《じゅうち》、争地《そうち》、交地《こうち》、衢地《くち》、泛地《はんち》、囲地《いち》、死地《しち》の九種類がある**と。

現場のすみずみまでを分析し尽くす

散地とは諸侯が自国の領地内で戦うことをいう。

軽地とは敵国領内に侵攻しながらまだ深入りしていない状態をいい、重地はその逆で敵国領内深く侵攻して多くの敵城を背にしている状態をいう。この両者の総称を絶地という。

争地は両軍の激しい争奪の場所。交地は両軍ともに進撃しやすい場所である。

衢地は主要な道路が延びて三方が諸侯の領地に通じる交通の要衝で、支援の期待できる地。泛地は山林や沼沢地を越えなけ

●フィールドを分析し適材適所の布陣を行なう

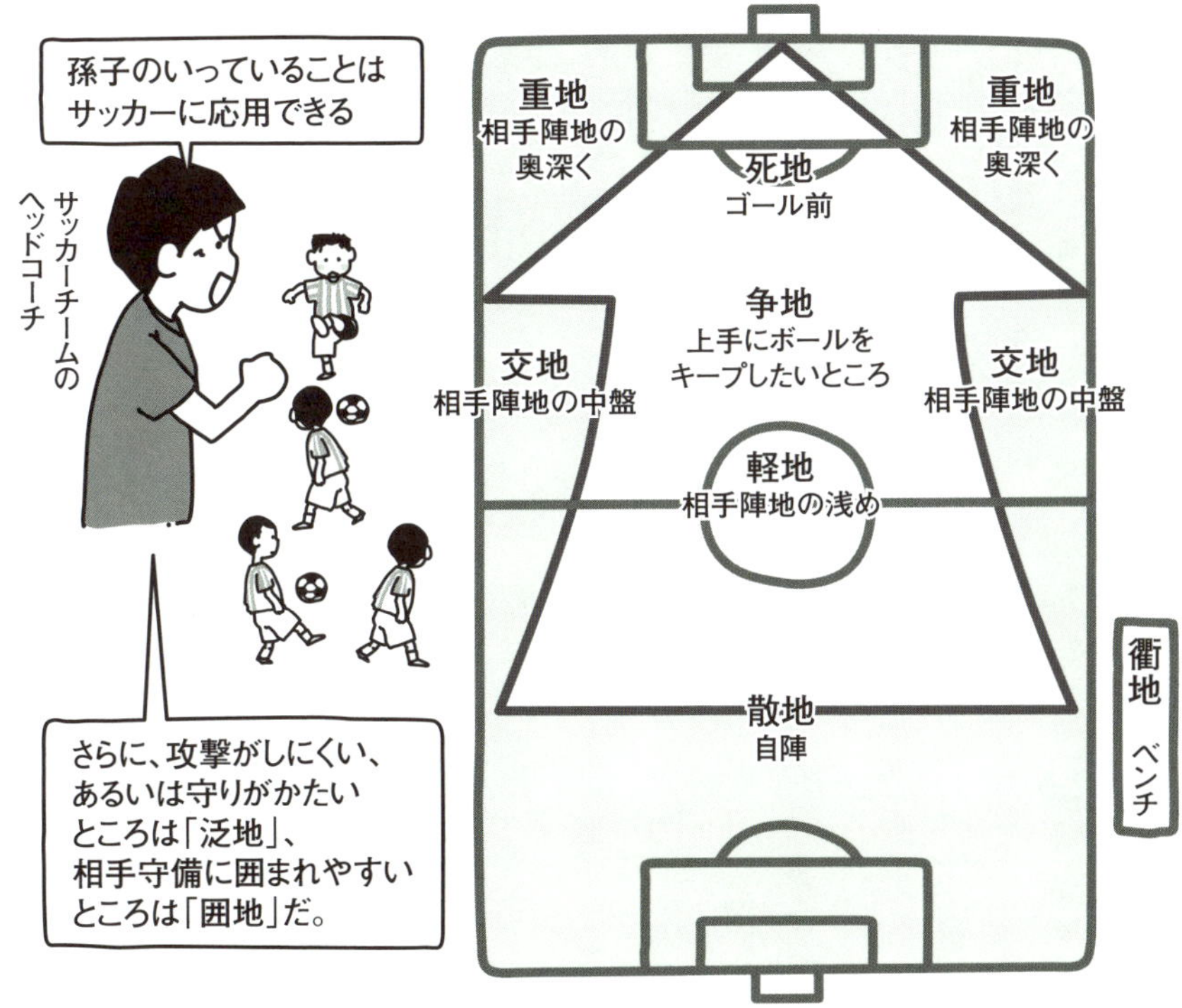

さまざまな攻防の場を有機的につなぎ全体的に進撃する

ればならない進軍の難しい地。

囲地は三方が険しく前方が狭まっていて寡兵でも大敵を相手にできる地。死地は三方が険しく前方が隘《あい》路《ろ》なので突撃が遅れれば全滅必至な地である。なお、どこにも逃げ場のないところは窮《きゅう》地《ち》という。

地形は変えることのできないものだから、指揮官がそれぞれの場において適切な命令を下さなければ進軍がままならない。そのためには、**指揮官は戦闘現場のすみずみまで九種類のうちのどれにあてはまるか正確に判断する必要があり、それを識別する眼力が求められる。**

九地ではこう動け

現場を深く分析した後は深く入り込んで勝負をしかける

凡《およ》そ客為《かくた》るは、深ければ則《すなわ》ち摶《もっぱ》らにして、浅ければ則ち散《さん》ず

第十一　九地篇

現代語訳

敵国領内に侵攻するとき、入りかたが深ければ軍の統制は保たれ、浅ければ脱走兵が続出しかねない

自国の領内である散地では上下の意思統一に努め、戦闘は回避する。軽地では消耗を避けるためにもできるだけ目立たぬよう迅速に行動する。重地では城攻めを断念して進軍を優先させて素早く通り過ぎる。両軍がどちらも確保したがる争地には、何がなんでも先着し、敵に先着されたら攻撃は仕掛けない。

両軍ともに往来の自由な交地では各部隊の連絡を強固にし、前後が分断されないよう気を配る。四方に道の通じる衢地では諸侯と親交を結ぶ。足場の悪い泛地からは早く抜け出し、決して宿営しない。囲地では退路の確認を確実に行なう。死地では力戦する以外に生き延びる術がないので迷わず戦う。

懐《ふところ》にまで駒を進めなければ守り切られてしまう

これにつけ加えて孫子は、**敵国領内に侵攻するときは最初か**

●相手陣地に深く入り込んでゴールを狙うポイント

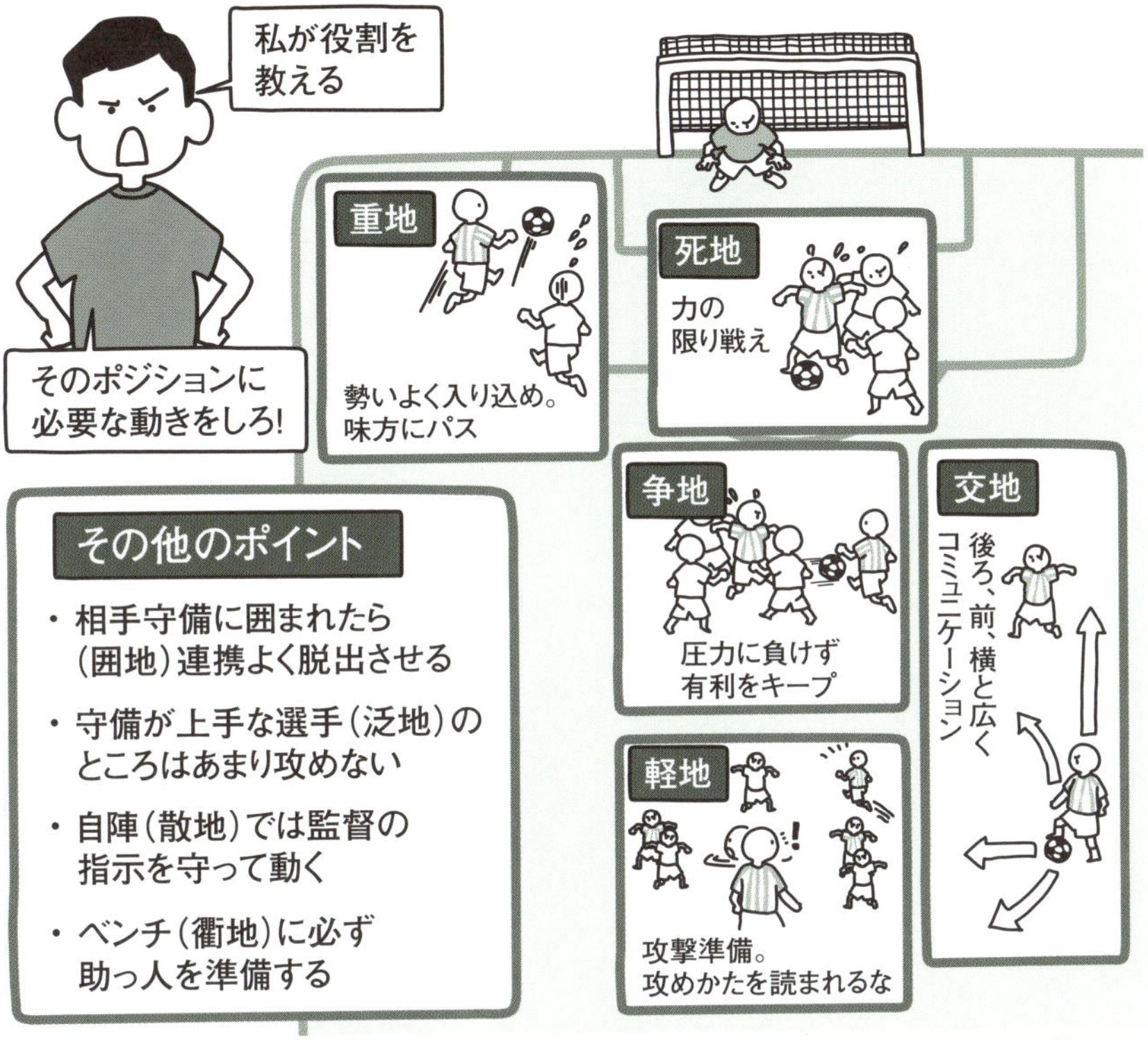

その他のポイント

- 相手守備に囲まれたら（囲地）連携よく脱出させる
- 守備が上手な選手（泛地）のところはあまり攻めない
- 自陣（散地）では監督の指示を守って動く
- ベンチ（衢地）に必ず助っ人を準備する

// 攻撃の際は相手陣内に一気に深く入り込めば士気も高まる \\\\

ら深く侵攻しなければならないといっている。入りかたが浅ければ兵が勝手に故国に逃げ帰る恐れがあるからでもあるが、別のいいかたをすれば、深く入り込まなければ、相手を本気にさせることができず、勝負に持ち込めないということ。入りかたが浅ければ、相手に守りを固める時間を与えてしまい、それでは攻め入った意味がなくなる。

一気に深く入り込めば、相手に守りを固める時間を与えず、味方も覚悟を決めるしかなくなる。総合戦力で圧倒的に勝る場合は別として、大胆に入り込むのが得策ということである。

窮鼠《きゅうそ》猫を噛《か》む

離脱という選択肢を奪えば部下はおのずと精強となる

死焉《いずく》んぞ得《え》ざらんや、士人《しじん》力を尽《つ》くす

第十一　九地篇

現代語訳

生き残る方法がそれしかないとわかれば、兵はみな死に物狂いで力戦する

敵国の領内に深く侵攻すれば、自軍の兵は自然と結束して、そう簡単には負けはしない。この場合、指揮官は味方にも攻撃目標がわからないよう細工して、複雑な進軍路を選ぶ。地理不案内なところに連れて来られた兵たちは、脱走しても生還できる可能性がないに等しく、敗北が死を意味すると理解すればあきらめもつく。生還するには指揮官の指図に従うしかないと肌で感じるようになったらしめたもの。**不利な状況に置かれれば置かれるほど、潜在的な力をも覚醒《かくせい》させ、想像もできないような勇猛さを発揮する。**

やる気になった部下たちほど頼りになる存在はない

全員に持てる力を充分に発揮させるには、そうせざるをえない状況に追い込むのも一つの手である。進むべき道が一つと気

●部下の士気を高めるには退路をふさぐ

進む道が一つしかないと思えば、人は突破力が湧いてくる

づかせられれば、後はもう簡単である。いちいち指図をせずとも、万事順調に運ぶ。

軍隊内で**占いを禁止すれば、神頼みの気持ちも消え、脱走兵もいなくなる。奮戦する以外に生き残る道はないと覚悟を決めるからである。**

いざ決戦の命令が発せられると、座り込んでいた兵たちは涙の雫《しずく》で襟《えり》を濡らし、横たわっていた者たちは頬《ほお》を伝わった涙をあごの先に結ぶ。彼ら決死の覚悟を固めた兵を、逃げ場のない戦場に投入すれば、全員が鬼神のごとき戦いぶりを見せるであろう。

敵の虚を突け

有能なリーダーは常に相手の予期せぬ行動に出る

敵の我《わ》れと戦うを
得《え》ざる者は、
其《そ》の之《ゆ》く所を
膠《あざむ》けばなり

第六　虚実篇《きょじつ》

現代語訳
敵が思うように戦えないのは、こちらの計略にかかっているからである

人間のなすことに完全はなく、敵がどんなに守りを固めようとも必ずどこかに隙ができる。そこに攻撃を集中させれば、敵軍の迎撃を難なく打ち破り、勝つことができる。

駆け引きができる者だけが勝利をつかめる

地味なことでも汚いことでも構わない。敵の思いもよらないところを攻撃すれば、敵はその対処に苦しみ、慌てて援軍を出動させる。自軍はその到着より早く、充分な戦果を挙げて粛々《しゅくしゅく》と撤退すればよい。敵が絶対に失いたくない地点を攻撃すれば、敵は救援を差し向けざるをえず、敵を不利な状況下に陥れることができる。別動隊を使って敵の要地を攻撃させれば、敵は転身して、進軍路を変えざるをえなくなる。これらはすべて敵の虚《きょ》を突く工作であり、うまくいけば強敵でも疲労困憊させるこ

膠着状態を打開する相手の虚を突く工作

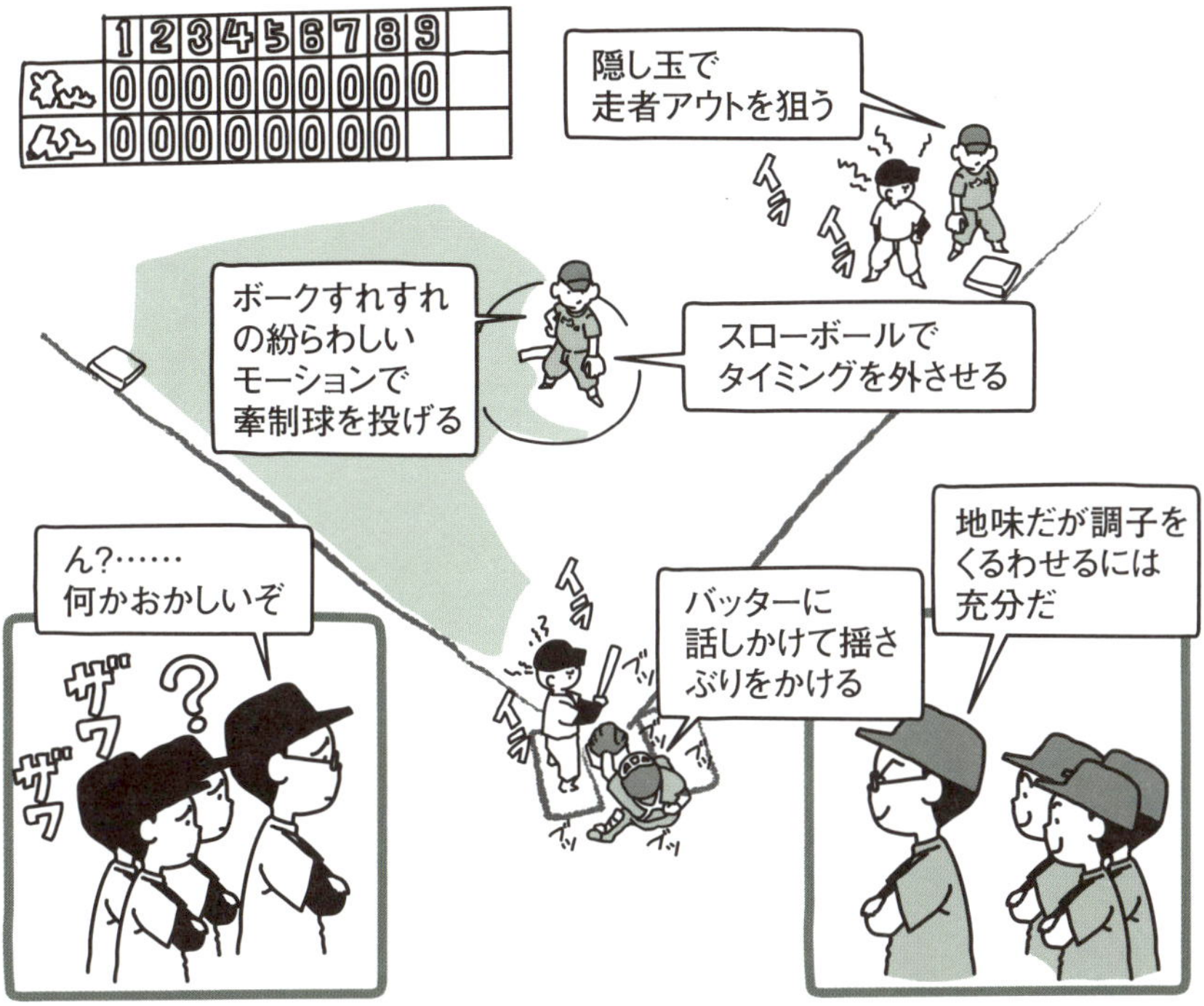

大げさな策ではないからこそ実践の場でいかすことができる

とができる。ようやく主戦場に到着したところで、兵が疲れていては本来の力を発揮することはおろか、防御すら満足にできない。このような敵軍なら容易に撃破できる。

ゆえに有能な指揮官は**敵の虚を突くことを常に念頭に置いて作戦を立案し、自軍の損害と消耗を最低限に抑え、確実に勝利をものにする**のである。

このような駆け引きができないようではリーダーとはいえず、味方の誰からも信頼を得ることができない。信頼を得られなければ、大事な任務を任されることもなくなるだろう。

敵の後方を攻撃すれば堅陣も崩れる

強いライバルに一杯食わせるもっとも有効な奇策

其《そ》の愛する所《ところ》を奪《うば》わば、則《すなわ》ち聴《き》かん

第十一　九地篇

現代語訳

敵が重要にしているものを奪えば、敵はこちらの望みどおりに動く

大兵力の敵軍が整然と寄せて来たときには、敵が重視している場所を奪取すればよい。敵は奪還を試みようと陣形を崩すので、勢いが衰えることになり、撃破しやすくなる。

本当に奪われると信じ込ませる気迫が成功の秘訣

敵が重視する場所とは国都や穀倉地帯、交通の要衝や食糧貯蔵庫など。そういうところを攻めると見せかけるだけでも効果は充分である。敵はそれまでの占領地を放棄してでも救援に走るに違いない。最低限の守備隊は残していくかもしれないが、主力がいなくなってしまえば容易に蹴散らすことができる。

この策は敵軍の守備態勢が盤石《ばんじゃく》なときに有効である。ほかの陽動作戦ではびくともしない、挑発しても、利益誘導をしても陣形が崩れないときに取るべき手段で、敵を欺《あざむ》くのだから、生《なま》

●ライバルの後方支援場所に揺さぶりをかける

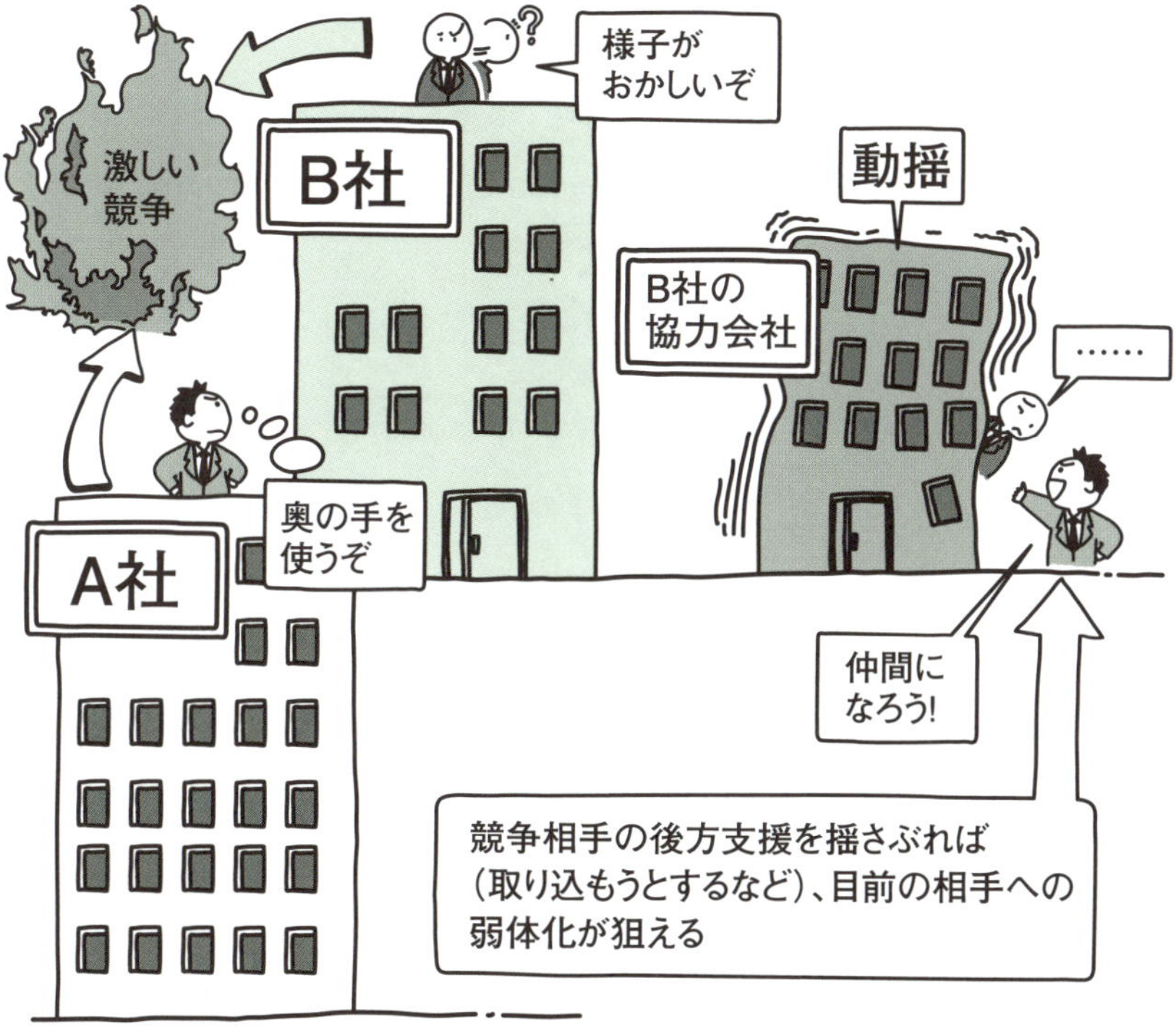

ライバルは後方の本拠や補給拠点への攻撃を恐れている

半可《はんか》な姿勢ではいけない。

敵軍が唯一恐れるのは留守にしている本国や後方の補給拠点であり、そこに攻撃を仕掛けると見せかけるのは容易なことではない。**本当に実行するかのような派手な動きを示す必要があり、場合によっては味方をも欺くことが必要である。**

敵軍が動かない場合は、作戦を変更し、本気で国都に攻撃を仕掛ける覚悟も必要である。攻撃が苛烈であれば、敵の君主は必ず救援要請を発する。そうすれば敵の指揮官は救援に赴《おもむ》かないわけにはいかず、策を仕掛けた側としては成功となる。

スパイを使わないのは愚の骨頂

諜報活動の費用を惜しんでいては勝利は覚束ない

敵の情《じょう》を知らざる者は、不仁《ふじん》の至《いた》りなり

第十二　用間篇《ようかん》

現代語訳

敵国の情報収集を怠る者は、民に対する仁愛の情に欠ける者である

十万人規模の軍隊を出征させれば、国庫と民衆の負担は計り知れないものとなる。戦争が数年間に及びながら、たった一度の決戦で勝負がつくこともある。莫大な費用と労力を傾けながら、ただ一度の決戦に敗れれば、それまでのすべてが無に帰する。なんと非効率なことか……。このような憂き目にあわぬためにも、孫子は優秀なスパイ（間諜《かんちょう》）を使うことを勧める。

命がけで重要な情報を取りに行く英雄的活動

爵位《しゃくい》でも俸禄《ほうろく》でも賞金でも、スパイへの報酬《ほうしゅう》を惜しむべきではなく、**スパイを有効活用できないようでは、民を統率する者とも、国家の補佐役とも、勝利の主宰者ともいえない。**

聡明な君主や智謀に優れた指揮官は、敵軍の最新情報を探るのに余念がない。だからこそ、出征すれば必ず多大な戦果を挙

アメリカの主な諜報機関

CIA
中央情報局。大統領に直属し
国家安全保障会議に情報を提供。
活動領域は仮想敵国を中心に
さまざまな組織に及ぶ。

NSA
国家安全保障局。国防総省の
情報機関。主に国内外の通信傍受・
盗聴・暗号解読の活動を担当。

DIA
国防情報局。国防総省の情報機関。
各国の陸・海・空軍の軍事情報を
収集。軍事行動の意思決定に深く
関与する。

NRO
国家偵察局。偵察衛星の設計、
打ち上げ、運用を行なう
米国空軍長官の独立組織。
主に国家安全保障にかんする
情報収集・分析を担当。

……など17組織に及ぶ

どの組織も
予算はほぼ非公開

近年流出した
内部資料によると、
アメリカの諜報予算の
年間総額は520億ドル
に達するという

**// 軍隊をもつ大国はスパイ活動に莫大な費用を投じている **

げることができるのである。
　大軍を動かしての戦争が敗北に終われば君主の威信は失われ、国内の分裂や政変さえ起こりかねない。すべては敵情探索を怠ったこと、スパイへの報酬を惜しんだことに起因するもので、このような形の失脚、亡国は末代までの恥となる。
　敵軍にかんする情報は、敵地にスパイを放つか、内通者から得るしかない。**知恵を駆使することで地道に積み上げていくしかない**のだ。**これを怠る者は民の労苦を無にする者、仁愛の心の欠如した者といわざるをえない。**

スパイには五種類ある

勝負において情報の大切さは語り尽くすことができない

密《みつ》なるかな密なるかな、間《かん》を用いざる所《ところ》毋《な》し

第十二　用間篇

現代語訳　なんと奥深いことか。軍事の裏側でスパイを利用しない分野など存在しない

此《こ》れ兵の要《かなめ》にして、三軍《さんぐん》の恃《たの》みて動く所なり

第十二　用間篇

現代語訳　スパイこそ軍事作戦全体の指針であり、全軍の運命を託するべき道標でもある

スパイには五つの種類がある。**敵国への潜入を繰り返すのを生間《せいかん》、敵国の民間人を手づるにするのを因間《いんかん》、敵国の官吏《かんり》を手づるにするのを内間《ないかん》、敵国のスパイを手づるにするのを反間《はんかん》、虚偽の情報をつかませるのを死間**と呼ぶ。

君主や指揮官はスパイと親密になり、報酬も厚《あつ》くしなければならない。単身で命がけの工作に従事するのであるから、それくらいして当然なのである。スパイのもたらす情報が戦争の勝敗、全軍の運命を決定づけるものでもあるのだから。

俊敏な思考力の持ち主でなければ諜報活動はできない

敵国の内情を知らないまま戦争に突入すれば、たちまち進退に窮する。敵がどこに防衛線を築いているか、どこで飲み水と飼い葉を確保できるか、内応する城はないかなど、スパイから

●スパイ（敵国への諜報活動）には五つの種類がある

俊敏な思考力がないとスパイの有効活用は覚束ない

の情報もなしには何一つ作戦がうまく運ばないからである。

君主や指揮官が俊敏な思考力の持ち主でなければスパイを有効活用することができず、彼らに思いやりを示さなければ、スパイを忠実に働かせることはできない。

現代のスパイは産業スパイがメインであるが、これは不法行為、犯罪である。産業スパイは、自分でも気づかないうちに働いてしまう場合もあるから、自省を怠ってはならない。情報は、常に表と裏に注意して使う必要がある。それこそスパイのような思考力で。

裏切らせる情報戦

これはという人物に目星をつけ、弱みや欲望につけ込む

吾《わ》が間《かん》をして必ず索《さぐ》りて之《こ》れを知ら令《し》めよ

第十二　用間篇

現代語訳

スパイに命じて、ターゲットの情報を事細かに調べ上げさせせよ

攻撃したい敵や城、暗殺したい要人がいるときは、スパイを活用するのが得策である。そのためには敵の内情、防衛体制、警護の様子などは絶対に把握しておかねばならない。

そのうえで、指揮官の側近、謁見《えっけん》の取り次ぎ役、門衛などの姓名を割り出し、それぞれの履歴、性癖、境遇などを調べ上げる。**人間誰しも弱みや欲望があるはずだから、そこにつけ込めば、協力者や内通者に仕立て上げることができる。**

相手をとりこにする魅惑の話術を武器とする

釣り下げる餌は金銭でも地位でも女でも構わない。相手が強く欲するものを提示すれば、誰もが心揺らぐはずである。一度でも協力したらしめたもの。相手ももう後戻りできないから、指図どおりに動くしかなく、情報の横流しやニセの情報を拡散

●スパイが内通者を獲得する手口

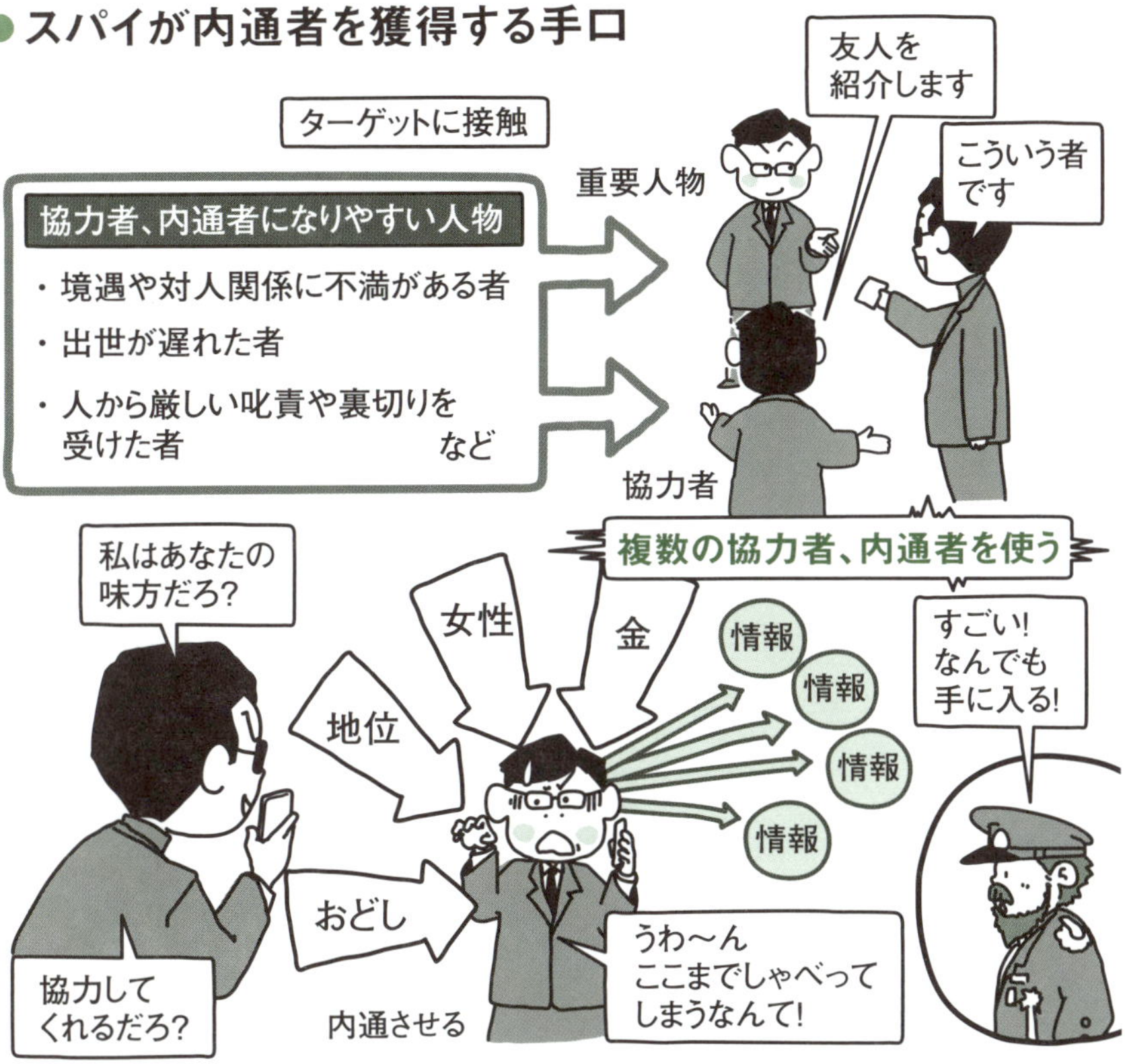

手の込んだ演出を武器にどんどん深入りさせてしまう恐るべき技術

させることもできる。

ターゲットは境遇や対人関係に不満を抱く者、出世で後れを取った者など、なんらかの不満や恨みの念を抱く者たちである。**個人的な恨みをいかに増幅させ、裏切りにまで走らせることができるかどうかが、スパイの腕の見せ所である。**

かくいう孫子の教えは現代人にとっても大きな教訓となる。甘い言葉、うまい話には必ず裏がある。おかしいと思ったらすぐさま、信頼のおける人物に相談するのが賢明で、そのためには信頼できる相手をつくっておくことも必要である。

敵を内部崩壊させる情報戦

相手にニセの情報を信じ込ませる最上級の諜報活動

反間《はんかん》は厚《あつ》くせざる可《べ》からざるなり

第十二　用間篇

現代語訳

二重スパイには必ず手厚く報いてやらねばならない

もし敵のスパイを見つけたら処罰するのではなく、利益を提示することで寝返らせ、反間＝二重スパイとして利用すべきである。**二重スパイを使えば、敵情が手に取るようにわかる。**彼を手づるにして現地協力者を得ることもできる。そうなれば、味方のスパイ網を縦横に駆使して、**敵にニセの情報を信じ込ませることも難しくなく、戦う前から優位に立てる。**

スパイの裏切りほど恐ろしいものはない

敵国の情報が筒抜けとなれば、憂いがなくなるのだから、二重スパイには手厚い報酬を約束し、実際に報いてやらねばならない。ここで出し惜しみすれば、すべてが破綻《はたん》する。二重スパイは敵国の事情だけでなく、自国の事情にも通じており、彼が敵にすべてを告げれば、立場が逆転してしまうからだ。

●反間（二重スパイ）によって相手の秘密を筒抜けにする

第二次世界大戦時に活動した二重スパイ

デュシャン・ポポフ（1912〜1981年）
ドイツの諜報機関に所属しドイツの情報をロンドンにもたらした。アメリカに真珠湾攻撃の可能性を示唆したという。

ウィリアム・セボルド（1899〜1970年）
ドイツのスパイであったがアメリカに協力。アメリカに滞在する数十名のドイツ人諜報員の摘発を助けた。

フアン・プホル・ガルシア（1912〜1988年）
架空のスパイ網をでっちあげてドイツ軍に売り込む。連合国側に協力してノルマンディー上陸作戦を成功に導いた。

クリスチャン・リンデマン（1912〜1946年）
イギリスのスパイだったがドイツ軍に人質を取られて二重スパイとなる。連合国軍の作戦計画の情報をドイツにもたらした。

エディ・チャップマン（1914〜1997年）
出獄するためドイツ兵に志願。イギリスに入って二重スパイとなる。ドイツのV1ロケットの情報をイギリスにもたらした。

**// 二重スパイを縦横に駆使すれば戦う前から優位に立てる **

現代社会に二重スパイは存在するのだろうか。産業スパイにかんしては、表沙汰になった例を寡聞《かぶん》にして知らない。ないはずはないと思うのだが、企業の体面を慮《おもんぱか》って、内々の処理で済ませているのだろう。

それよりも、**現代社会で深刻なのはむしろニセの情報（フェイク）の氾濫である。**本格的なIT社会の到来とともに情報の絶対量が増えたのにもかかわらず、われわれは真偽の判断力が追いつかず、フェイクに惑わされがちである。何事に対しても慎重であった孫子の知恵を、常に心に留めておきたいものだ。

コラム

『孫子』のあゆみ その5

実物が拝める銀雀山漢墓

司馬遷《しばせん》は二人の孫子について言及しているが、古くから孫武《そんぶ》は伝説上の人物で、『孫子』は孫臏《そんぴん》が孫武に仮託して著《あら》わしたとする説があった。しかし一九七二年、山東省臨沂《りんぎ》県銀雀山《ぎんじゃくざん》にある漢《かん》代の墓から大量の竹《ちく》簡《かん》が出土し、そのなかに「呉《ご》孫子兵法」と「斉《せい》孫子兵法」の両方が含まれていたことから、司馬遷の記したとおり孫子が二人いたことが明らかとなった。

この墳墓は前漢武帝《ぜんかんぶてい》時代のものだから、『漢書』の編纂《へんさん》よりも前である。結論からいえば、現存する『孫子』は「呉孫子兵法」とほぼ一致していた。違うのは章の並び順と若干の文章のみ。やはりすでにまとまっていた十三篇に曹操《そうそう》が若干手を加えた。それが現存する『孫子』と見て間違いないようである。呉王闔閭《こうりょ》の読んだものと同じかは断定できないが。

銀雀山漢墓からの出土品は現在、同地に建設された博物館に保管・展示されており、そこでは発掘当時の写真に加え、特殊な保存液とともに試験管に入れられたオリジナルの竹簡やそこにあった文字をはっきり見えるようにした写しなどを目にすることができる。そこは山東省南部にあり、空港のある青島や省都の済南からも遠く、交通に不便だが、三国志で名高い諸葛孔《しょかつこう》明《めい》や書聖の尊称で呼ばれる王羲之《おうぎし》の出身地でもあり、諸葛亮故里（祠廟《しびょう》もあり）や王羲之故居（記念館もあり）もあることから、読者にはぜひとも訪れることをお勧めしたい。

巻末付録

武経七書のあゆみ

中国の兵法書は何を伝えているのか？

中国兵法の神髄。武官を目指す者の必読書。勝利至上主義に徹したその内容は敵を欺く詐術を奨励。味方の損害は最小限に抑え、敵には最大限の損害を与えることを基本とした。

宋《そう》代にはそれまでの中国文化の整理作業が盛んで、儒教《じゅきょう》分野ではそれをきっかけに朱子学《しゅしがく》が生まれ、兵法書分野では特に秀でた七つが厳選され「武経七書《ぶけいしちしょ》」と称された。それは孫武《そんぶ》の『孫子』をはじめ、戦国時代に諸国を渡り歩いた呉起《ごき》の『呉子《ごし》』、周《しゅう》創業の功臣太《たい》公望呂尚《こうぼうりょしょう》の『六韜《りくとう》』、戦国時代の魏《ぎ》王に招かれた尉繚《うつりょう》の著書とされる『尉繚子《うつりょうし》』、秦《しん》の隠者黄石公《いんじゃこうせきこう》が伝えたとされる『三略《さんりゃく》』、春秋時代に大司馬《だいしば》（軍最高司令官）として斉《せい》に仕えた田穣苴《でんじょうしょ》の兵法を伝える『司馬法《しばほう》』、初唐の将軍李靖《りせい》が太宗《たいそう》のために兵法を論じたものを後世の人が編纂した『李衛公問対《りえいこうもんたい》』からなる。

武経七書という括《くく》りが生まれたのは宋の元豊年間（一〇七八～一〇八五年）のことで、主に武官養成の教科書として使用された。儒教でいう四書五経《ししょごきょう》に相当するわけである。

個々の兵法書は日本にも早くから伝えられ、貴族や一部の武家の間では読まれていた、平安後期の後三年の役で源《みなもとの》義家《よしいえ》が敵の伏兵の存在に気づいたのは、『孫子』の行軍篇の一節が脳裏に浮かんだからで、彼の後裔である源《みなもとの》義経《よしつね》が常識破りの戦術で鮮やかな勝利を重ねることができたのも、兵法を習熟した賜物と考えられる。

その後も武家の間では読まれていたはずだが、個人の武勇とお家の名誉を重んじる日本ではあまり重宝されず、好んで読まれたのはむしろ江戸時代の太平の世になってからだった。

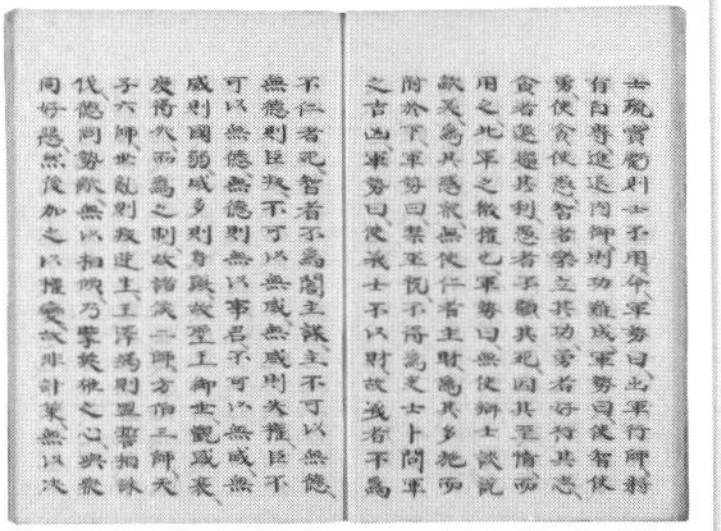

江戸中期慶長11年に刊行された武経七書
（国立国会図書館所蔵）

呉子《ごし》

士卒への労わりも計略の一部か。『孫子』と並び称された兵法書の雄

成立

本書はしばしば『孫子』と並び称された兵法書で、著者は戦国時代の初頭に衛《えい》の国で生まれ、魯《ろ》・魏《ぎ》・楚《そ》の各国を渡り歩き、軍師としてどこでも多大な功績を挙げた呉起とされるが、それは後世の仮託で、実際には漢代の学者の手になると考えられる。

呉起に仮託されたのは、彼が実際に優れた兵法家だったからで、非情でありながら、戦場に出れば士卒と苦労をともにするなど、権力に胡坐《あぐら》をかかない一面を備えていた。

特徴

本書は全四十八篇からなるとされているが、現存するのは「図国《とこく》」「料敵《りょうてき》」「治兵《ちへい》」「論将《ろんしょう》」「応変《おうへん》」「励士《れいし》」の六篇のみである。

前五篇は『孫子』の内容と大差ないが、最後の「励士」のみは様相が異なり、功績を立てたことのない兵士に活躍の機会を与えてやれなどと説かれている。一見したところ温情のように見えるが、逆に潜在的な力は無理にでも覚醒させ、命がけで戦わせろという非情さの表われと見ることもできる。

六韜《りくとう》

軍略が湯水のように溢れ出たという太公望の不敗の秘訣を伝授

成立

「韜」の字には元来、「皮を巡らして包み込むもの」という意味があり、そこから転じて、奥義とか秘訣を意味する言葉として用いられるようになった。同書の著者が太公望というのも後世の仮託で、実際の著者や編纂時期は定かでない。

「文韜《ぶんとう》」「武韜《ぶとう》」「龍韜《りゅうとう》」「虎韜《ことう》」「豹韜《ひょうとう》」「犬韜《けんとう》」の六巻六十篇からなる。ちなみに、日本で芸道の秘伝書や簡単な参考書のことを虎の巻というのは、このうちの「虎韜」の名に由来する。

特徴

成立時期は不明ながら、古くから武人必読の書とされた本書。内容の大部分は『孫子』と重複するが、「虎韜」のなかで武器の取り扱いについて詳しいのは、『孫子』と大きく違う点である。

おそらく孫武の生きた時代より武器が多様化し、発達もしたためだろう。鎧《よろい》が丈夫になれば従来の刀槍術で傷すら負わせることができず、それに見合った格闘術が求められたはずだから。楯や弓矢、攻城兵器についても同じことがいえる。

尉繚子《うつりょうし》

戦争は自衛のための正義の戦争に限る。侵略戦争を不義として否定した兵法書

成立

尉繚は戦国時代中頃の人で、その著とされる本書は、魏の恵王《けいおう》の質問に彼が答える形式を取っている。本書は全三十一篇からなるが、現存するのは「天官《てんかん》」「戦威《せんい》」「武議《ぶぎ》」など二十四篇のみ。

生まれやどこで兵法を学んだかは一切わかっておらず、実在の人物ではない可能性もある。秦の始皇帝のことを、「残忍で虎か狼のような心を持っている」と酷評した人物と同じ名だが、時代が離れすぎており、まったくの別人である。

特徴

国家をうまく統治することと人民を富ませることを軍事力強化の必須条件としている点は『呉子』や『六韜』と共通している。

戦争を悪とする点は『孫子』と共通するが、それを正義と不義の二種類に分けている点は本書の大きな特徴である。不義なる戦争を断固否定しながら、自衛のための戦争はやむなきもので、それに勝利するためには日頃から充分に備えておかなければならないということが強調されている。

三略《さんりゃく》

民衆の支持あってこその国。情報戦の重要性と並び民本主義を強調

成立

黄石公《こうせきこう》とは前漢創業の功臣張良《ちょうりょう》に兵法書を授けた謎の老人のことで、司馬遷《しばせん》の『史記』ではその正体を黄色い石の精と匂わせ、その兵法書『三略』を太公望の著わしたものと語らせている。

しかし、その書名は唐代に編纂された正史（王朝公認の歴史書）の『隋書』にはじめて登場することから、実際の編纂時期は隋の前の南北朝時代と考えられる。『三略』の名は「上略」「中略」「下略」の三巻からなることに由来する。

特徴

戦闘開始前の情報収集を重視する点は『孫子』と共通している。侵略戦争を否定するところは『尉繚子』と共通するが、こちらで許される正義の戦争は、民衆が安穏に暮らせる状態を保つ「保民」のみとしている。

本書で際立つのは『孫子』以上に民衆の支持を重視している点で、民衆の支持が得られなければ国家は安定せず、軍隊も脆弱になる。そこを敵に乗じられれば滅亡は必至との観点から、民本主義が力説されている。

司馬法《しばほう》

乱世にあって仁愛を説く。絶体絶命の斉を危機から救った名将の言行録

成立

田穰苴《でんじょうしょ》は春秋時代後期、斉《せい》の景公《けいこう》に仕えた人で、本来の姓ではなく官名を取って、司馬穰苴と呼ばれることが多い。本書『司馬法』は彼自身の著ではなく、戦国時代の人によって編纂されたものと考えられる。

ときに斉の国は晋と燕《えん》の国から挟撃され、窮地に立たされていた。そのとき名相の晏嬰《あんえい》から推挙されたのが田穰苴で、人材を欲していた景公に採用され、田穰苴もそれに応える活躍を見せたことから、歴史に名を残したのだった。

特徴

本書は全百五十五篇からなるが、現存するのは「仁本《じんほん》」「天子之義《てんしのぎ》」「定爵《ていしゃく》」「厳位《げんい》」「用衆《ようしゅう》」の五篇のみ。具体的な戦術については『孫子』と共通する要素が多々見られるが、不義なる戦いを完全否定している点は『尉繚子』『三略』と共通する。

また仁愛をもって本分とするところなどは、諸子百家の一つである墨家《ぼくか》の主張と一致している。戦争の絶えない時代だからこそ、このような主張が強く叫ばれたのだろう。

李衛公問対《りえいこうもんたい》

全兵法書を網羅した会心の解説書

成立

「李衛公」の「衛公」とは李靖《りせい》がその軍功により、唐の太宗（李世民《りせいみん》）から授けられた衛国公という爵位の略称。李靖は決して無謀な戦いをせず、必ず入念な情報収集を行ない、綿密な作戦計画を立て、全軍の配置にも手を抜くことのない知将であった。

本書は李靖が太宗の質問に答える形式になっているが、それは実際の問答を唐代末か北宋初期の人がまとめたものと見られている。上中下の三巻からなり、すべて現存している。

特徴

『孫子』以下の兵法書はすべて『孫子』を意識して記されているが、本書はその究極ともいうべきもので、『孫子』以来の様々な兵法書の解説を主な内容とする。

上巻では戦争指導のあり方、中巻では戦争を勝利で終わらせる方法、下巻では攻撃と守備について説かれ、孫武の生きた時代との千年以上の時間差に鑑み、『孫子』の精髄を受け継ぎながら、唐代の実情に合う内容に全面改定を試みたものである。

参考文献

- 『孫子』浅野裕一著　講談社学術文庫
- 『新訂　孫子』金谷治訳注　岩波文庫
- 『孫子・呉氏』村山孚訳　徳間書店
- 『孫子・呉氏』天野鎮雄著・三浦吉明編　明治書院
- 『全文完全対照版　孫子コンプリート：本質を捉える「一文超訳」＋現代語訳・書き下し分・原文』野中根太郎訳　誠文堂新光社
- 『「孫子」を読む』浅野裕一著　講談社現代新書
- 『孫子の兵法』湯浅邦弘著　角川ソフィア文庫
- 『「孫子の兵法」がわかる本　「駆け引き」「段取り」「競争」……に圧倒的に強くなる！』守屋洋著　三笠書房
- 『くり返し読みたい　孫子』渡邉義弘監修　星雲社
- 『孫子の兵法　考え抜かれた、「人生戦略の書」の読み方』守屋洋著　知的生き方文庫
- 『孫子・三十六計』湯浅邦弘著　角川ソフィア文庫
- 『真説・孫子』デレク・ユアン著　奥山真司訳　中央公論新社
- 『兵法三十六計　世界が学んだ最高の“処世の知恵”』守屋洋著　知的生き方文庫
- 『実践版　孫子の兵法：人生の岐路で役立つ「最強の戦略書」』鈴木博毅著　小学館文庫プレジテントセレクト
- 『世界最高の人生戦略書　孫子』守屋洋著　ＳＢクリエイティブ
- 『孫子・戦略・クラウゼヴィッツ　その活用の方程式』守屋淳著　日経ビジネス人文庫
- 『最高の戦略教科書　孫子』守屋淳著　日本経済新聞社出版社
- 『諸子百家の事典』江連隆著　大修館書店
- 『諸子百家』浅野裕一著　講談社学術文庫
- 『図解　孫子の兵法　丸くおさめる戦略思考』斎藤孝著　ウェッジ
- 『図解　今すぐ使える孫子の兵法』鈴木博毅著　プレジデント社
- 『あなたの人生を豊かにする　孫子の兵法　50歳からの生き方のヒント』洋泉社ムック
- 『強くしなやかなこころを育てる！　こども孫子の兵法』斎藤孝監修　日本図書センター
- 『使える！　「孫子の兵法」』斎藤孝著　ＰＨＰ新書
- 『諸子百家　儒家・墨家・道家・法家・兵家』湯浅邦弘著　中公新書
- 『諸子百家　中国古代の思想家たち』貝塚茂樹著　岩波新書
- 『古代中国　原始・殷周・春秋戦国』貝塚茂樹・伊藤道治著　講談社学術文庫
- 『世界歴史体系　中国史1　先史～後漢』松丸道雄・池田温・斯波義信・神田信夫・濱下武志編　山川出版社
- 『史記列伝1』小川環樹・今鷹真・福島吉彦訳　岩波文庫
- 『史記8　列伝1』水沢利忠著　明治書院
- 『史記』野口定男・近藤光男・頼惟勤・吉田光邦訳　平凡社

▶著者紹介
島崎 晋（しまざき・すすむ）

1963年、東京生まれ。立教大学文学部史学科卒業。専攻は東洋史学。在学中、中国山西省の山西大学に留学。卒業後、旅行代理店勤務を経て、出版社で歴史雑誌の編集に携わる。現在はフリーライターとして歴史・神話関連等の分野で活躍中。近著に『いっきにわかる！世界史のミカタ』（辰巳出版）、『「お金」で読み解く日本史』（SBクリエイティブ）、『ざんねんな日本史』（小学館）などがある。

装丁・本文デザイン　島崎幸枝
イラスト　堀口順一朗
編集制作　風土文化社（中尾道明）

眠れなくなるほど面白い
図解 孫子の兵法

2019年2月28日　第1刷発行
2021年3月20日　第3刷発行

著者　島崎 晋
発行者　吉田芳史
印刷所　図書印刷株式会社
製本所　図書印刷株式会社
発行所　**株式会社 日本文芸社**
〒135-0001 東京都江東区毛利2-10-18 OCMビル
TEL 03-5638-1660（代表）
URL https://www.nihonbungeisha.co.jp/

Printed in Japan 112190222-112210305Ⓝ03（300010）
ISBN978-4-537-21666-0
（編集担当：坂）